Olfa Helal

Développement d'un chauffe-eau solaire à stockage intégré

AF204999

Olfa Helal

Développement d'un chauffe-eau solaire à stockage intégré

Énergie solaire thermique

Presses Académiques Francophones

Impressum / Mentions légales
Bibliografische Information der Deutschen Nationalbibliothek: Die Deutsche Nationalbibliothek verzeichnet diese Publikation in der Deutschen Nationalbibliografie; detaillierte bibliografische Daten sind im Internet über http://dnb.d-nb.de abrufbar. Alle in diesem Buch genannten Marken und Produktnamen unterliegen warenzeichen-, marken- oder patentrechtlichem Schutz bzw. sind Warenzeichen oder eingetragene Warenzeichen der jeweiligen Inhaber. Die Wiedergabe von Marken, Produktnamen, Gebrauchsnamen, Handelsnamen, Warenbezeichnungen u.s.w. in diesem Werk berechtigt auch ohne besondere Kennzeichnung nicht zu der Annahme, dass solche Namen im Sinne der Warenzeichen- und Markenschutzgesetzgebung als frei zu betrachten wären und daher von jedermann benutzt werden dürften.

Information bibliographique publiée par la Deutsche Nationalbibliothek: La Deutsche Nationalbibliothek inscrit cette publication à la Deutsche Nationalbibliografie; des données bibliographiques détaillées sont disponibles sur internet à l'adresse http://dnb.d-nb.de.
Toutes marques et noms de produits mentionnés dans ce livre demeurent sous la protection des marques, des marques déposées et des brevets, et sont des marques ou des marques déposées de leurs détenteurs respectifs. L'utilisation des marques, noms de produits, noms communs, noms commerciaux, descriptions de produits, etc, même sans qu'ils soient mentionnés de façon particulière dans ce livre ne signifie en aucune façon que ces noms peuvent être utilisés sans restriction à l'égard de la législation pour la protection des marques et des marques déposées et pourraient donc être utilisés par quiconque.

Coverbild / Photo de couverture: www.ingimage.com

Verlag / Editeur:
Presses Académiques Francophones
ist ein Imprint der / est une marque déposée de
AV Akademikerverlag GmbH & Co. KG
Heinrich-Böcking-Str. 6-8, 66121 Saarbrücken, Deutschland / Allemagne
Email: info@presses-academiques.com

Herstellung: siehe letzte Seite /
Impression: voir la dernière page
ISBN: 978-3-8381-7974-2

Table des matières

i

Table des figures

Liste des tableaux

Chapitre 1

Introduction générale

La conscience mondiale des risques d'épuisement des énergies fossiles et des coûts dispencieux de leur exploitation fait apparaître les énergies renouvelables comme étant une alternative intéressante pour préserver à la fois le confort des êtres humains et protéger notre environnement. Elles proviennent de différentes sources dans la nature comme le soleil, source principale d'énergie renouvelable sur terre et solution promise pour atténuer les dépenses énergétiques de plusieurs pays. Gratuite, propre et intermittente, l'énergie solaire est le plus grand espoir pour une source énergétique inépuisable notamment pour les pays dotés d'un fort ensoleillement. Elle fait l'objet d'un grand intérêt ces dernières années. En effet, les systèmes d'exploitation qui utilisent cette forme d'énergie demandent une légère maintenance et présentent une bonne fiabilité de fonctionnement, une autonomie de plus en plus accrue, une résistance extrême aux conditions naturelles (température, humidité, vent, corrosion, etc.), et donc une grande longévité. Il apparaît dès lors que l'énergie solaire peut apporter de réelles solutions aux divers problèmes qui se posent actuellement concernant les changements climatiques, les crises énergétiques[1].

L'énergie solaire est utilisée de manières différentes, soit dans les systèmes photovoltaïques pour la production d'électricité, soit dans les systèmes thermiques (chauffe-eau solaires) pour la production d'eau chaude. En effet, quatre catégories d'applications se dégagent en fonction de la température[2] :

1

1. Applications aux basses températures solaires $(T < 60°C)$: chauffage de l'eau sanitaire.

2. Applications aux moyennes températures solaires $(60°C < T < 150°C)$: chauffage des habitations, réfrigération, climatisation, dessalement de l'eau de mer, production d'énergie mécanique.

3. Applications aux hautes températures solaires :

   - $(150°C < T < 800°C)$: production d'énergie mécanique, production de vapeur.
   - Dissociation de l'eau.

4. Applications aux très hautes températures solaires $(T > 800°C)$: dissociation thermique de l'eau, magnétohydrodynamique, thermo électricité.

La production de l'eau chaude à l'aide des chauffe-eau solaires représente l'une des applications les plus importantes de l'énergie solaire. Ces chauffe-eau solaires, qui permettent d'offrir entre 100 et 200 litres/jour d'eau chaude environ pour une gamme de température allant de $40 - 70°C$, sont de deux types : à éléments séparés et à stockage intégré (ICS). Le chauffe-eau solaire à stockage intégré représente une simple construction, installation et manipulation. Il est composé d'un seul appareil avec un fonctionnement double : recueillir le rayonnement solaire et préserver la chaleur du réservoir de stockage de l'eau pendant la nuit. Il est compact, moins encombrant et esthétiquement meilleur que celui à éléments séparés, mais il est moins utilisé que celui-ci car le réservoir de stockage de l'eau chaude présente des pertes thermiques importantes durant la nuit et les périodes de faible ensoleillement. Ceci arrive car la protection totale du réservoir stockeur est difficile étant donné que celui-ci constitue aussi la surface absorbante du rayonnement solaire contrairement au système à éléments séparés où le réservoir de stockage est totalement isolé thermiquement.

Plusieurs travaux ont été réalisés sur la conception des systèmes ICS. Les nouvelles recherches menées dans ce contexte favorisent l'augmentation de la température de sortie du réservoir en dépit des déperditions thermiques nocturnes ou le cas contraire c'est-à-dire minimiser les pertes thermiques en dépit

2

de la captation de rayonnements solaires et c'est en calorifugeant des parties du réservoir de stockage.

Dans le cadre de cette tendance viennent s'inscrire les travaux développés dans le présent mémoire, qui contribuent au développement d'un chauffe-eau solaire à stockage intégré, répartie en cinq chapitres.

Comme mentionné précedemment, l'objectif principal de cette thèse est le développement d'un chauffe-eau solaire à stockage intégré. Le chapitre 2 présente une étude bibliographique qui est consacrée au mouvement du globe terrestre en repérant la position du soleil dans un système de coordonnées bien choisi. Ensuite, il met l'accent sur l'énergie solaire, son origine, ses particularités et ses différents modes de conversion. Enfin, il présente les différents types de chauffe-eau solaires à éléments séparés et à stockage intégré.

Le chapitre 3 étudie le dimensionnement, la réalisation et la modélisation du système de chauffe-eau solaire à stockage intégré nouvellement conçu. Après la présentation géométrique et la réalisation du prototype, on aborde dans ce chapitre la modélisation de son fonctionnement au moyen d'un programme de simulation écrit sous le langage de programmation Matlab.

Le chapitre 4 montre, en premier lieu, l'étude expérimentale menée sur les deux prototypes réalisés dans l'unité de recherche Environnement, Catalyse et Analyse des Procédés de l'Ecole Nationale d'Ingénieurs de Gabès (ENIG) en précisant les conditions de réalisation des essais expérimentaux et en déterminant les différentes performances thermiques expérimentales cherchées tels que le rendement thermique journalier et le coefficient des pertes thermiques nocturnes selon la norme d'essai suivi. En second lieu, les résultats théoriques et expérimentaux sont interprétés puis exploités. On procédera ensuite à une étude comparative faite sur l'ancienne et la nouvelle configurations afin d'en tirer l'apport d'amélioration du nouveau modèle.

Le dernier chapitre conclut ce mémoire de thèse et propose quelques perspectives susceptibles afin de constituer une poursuite intéressante du présent travail et de fournir de meilleurs outils aux concepteurs de systèmes de chauffe-eau solaire.

Chapitre 2

Etude bibliographique

La ressource de base la plus importante pour tous les potentiels énergétiques renouvelables est l'énergie solaire, c'est le rayonnement émis dans toutes les directions par le soleil, et que la terre reçoit à raison d'une puissance moyenne de $1,4\ kW/m^2$ sur les couches extérieures de l'atmosphère et perpendiculaires à la direction terre-soleil[3].

Afin d'exploiter au mieux cette ressource énergétique et pour un bon dimensionnement des installations solaires, il est nécessaire de connaître la quantité de l'énergie solaire disponible à un endroit spécifique à chaque instant de la journée et de l'année[4].

L'emploi de l'énergie solaire est devenu très répandu dans tous les domaines vitaux. Mais, le domaine des applications résidentielles et les bâtiments restent toujours ceux qui la nécessitent le plus. Son emploi y est lié essentiellement avec le domaine de chauffage et surtout le chauffage d'eau sanitaire. Les chauffe-eau solaires sont économiques de point de vu énergie. C'est pour cela plusieurs recherches ont été mises en œuvre afin de les optimiser.

Dans ce chapitre, nous présentons, dans une première étape, le repérage du soleil dans la voute céleste. Par la suite, nous passons en revue sur l'énergie et la radiation solaires. Enfin, nous donnons les différents types de systèmes des chauffe-eau solaires en mettant l'accent sur les systèmes à stockage intégré avec concentrateur parabolique composé.

2.1 Mouvement du globe terrestre

La planète terre tourne autour d'un axe définissant les pôles nord et sud du globe en 24 heures. Ce phénomène génère ainsi une alternance de jours (l'hémisphère du site considéré est éclairé) et de nuits (l'hémisphère est à l'ombre)[5].

La trajectoire autour du soleil constitue une ellipse de très faible excentricité (c'est-à-dire proche d'un cercle), réalisée en environ 365 jours. L'inclinaison de l'axe des pôles terrestres par rapport au plan de l'écliptique est constante et égale à 23°27' (voir Figure 2.1) ; elle est à l'origine du phénomène de saison. La distance terre-soleil varie entre 153.10^6 km (le 3 juillet) et 146.10^6 km (le 3 janvier) ; sa valeur moyenne vaut 150.10^6 km, ce qui donne un diamètre apparent du soleil depuis la terre égal à $0,54°$[5].

La Figure 2.1 illustre la variation de la position du soleil en un site suivant la rotation de la terre sur elle-même et autour du soleil :

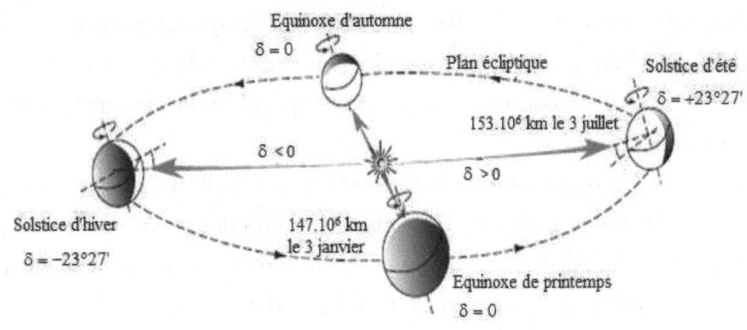

FIG. 2.1 – Variation de la position du soleil[5]

2.1.1   Repérage du soleil dans la voûte celeste

Les ondes électromagnétiques provenant du soleil portent l'énergie, la quantité reçue de cette énergie dépend de l'orientation de la surface réceptrice. Pour récupérer le maximum d'énergie en provenance du soleil, il est nécessaire d'orienter au mieux le récepteur par rapport aux rayons lumineux. La connaissance de la position du soleil en fonction du temps est primordiale. La position du soleil est repérée à chaque instant de la journée et de l'année par l'un des trois systèmes de coordonnées différents[1].

Coordonnées géographiques terrestres

Ce sont les coordonnées angulaires qui permettent de repérer un point sur la terre.

Méridien :   C'est un grand cercle de la terre passant par les pôles. Tous les points d'un même méridien ont évidemment la même longitude ; le méridien pris pour origine (0°) des longitudes est celui de Greenwich. Le plan méridien en un lieu est déterminé par ce lieu et par l'axe des pôles ; sa trace au sol est parfois dénommée : méridienne. Le temps solaire vrai est identique, à un instant donné, pour tous les points d'un même méridien[1].

Latitude (*Lat*) **:**   La latitude est l'angle que fait le plan de l'équateur avec la direction reliant le centre de la terre au point considéré. Sa valeur est positive dans l'hémisphère nord, et est négative dans l'hémisphère sud[1].

Longitude (λ) **:**   La longitude est l'angle que fait le méridien local passant par le point considéré avec le méridien origine passant par la ville de Greenwich (voir Figure 2.2). Sa valeur est positive à l'ouest et est négative à l'est du méridien origine[1].

6

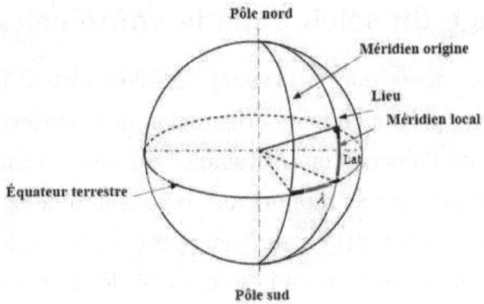

FIG. 2.2 – Définition des coordonnées terrestres d'un lieu donné[6]

Coordonnées horaires

Le mouvement du soleil est repéré par rapport au plan équatorial de la terre à l'aide de deux angles (δ, w).

Déclinaison du soleil (δ) : La déclinaison solaire δ représente l'angle entre les rayons du soleil et le plan équatorial. Dans l'hémisphère nord de notre planète, elle est positive au printemps et en été, négative le reste du temps ; elle varie entre $+23°27'$ au solstice d'été (le 21 juin) et $-23°27'$ au solstice d'hiver (le 21 décembre). Elle est donnée par l'expression mathématique suivante[3] :

$$\delta = 23,45° \sin(\frac{350}{365}(N + 284)°) \qquad (2.1)$$

– N : est le jour de l'année (c.-à-d. $N = 1$ pour le 1er janvier, $N = 32$ pour le 1er février, etc.).

Angle horaire du soleil (w) : L'angle horaire solaire est le déplacement angulaire du soleil autour de l'axe polaire, dans sa course d'est en ouest, par rapport au méridien local. La valeur de l'angle horaire est nulle au midi solaire, négative le matin, positive en après-midi et augmente de $15°$ par heure (un tour de $360°$ en 24 heures). Ainsi, à $7h$ du matin, l'angle horaire du soleil vaut $-75°$

7

($7h$ du matin est $5h$ avant midi ; cinq fois 15° égal 75°, avec un signe négatif pour signifier que c'est le matin)[1].

$$w = 15(TSV - 12) \qquad (2.2)$$

Avec :
- TSV : temps solaire vrai.

Le temps solaire vrai est égal au temps légal corrigé par un décalage dû à l'écart entre la longitude du lieu et la longitude de référence.

$$TSV = TL - DE + (\frac{E_t + 4\lambda}{60}) \qquad (2.3)$$

$$E_t = 9.87 \sin(2N') - 7.35 \cos(N') - 1.5N' \qquad (2.4)$$

$$N' = \frac{360}{365}(N - 81) \qquad (2.5)$$

- TL : temps légal (donné par une montre).
- DE : décalage horaire par rapport au méridien de Greenwich (égal à 1 pour la Tunisie).
- E_t : correction de l'équation du temps.
- λ : longitude du lieu.

La Figure 2.3 illustre l'angle horaire et la déclinaison.

Coordonnées horizontales

Le repère horizontal est formé par le plan de l'horizon astronomique et la verticale du lieu. Dans ce repère, les coordonnées solaires sont la hauteur h_s et l'azimut a.

Hauteur du soleil (h_s) : La hauteur du soleil (h_s), ou encore l'altitude, est l'angle formé par la direction du soleil et sa projection sur le plan horizontal.

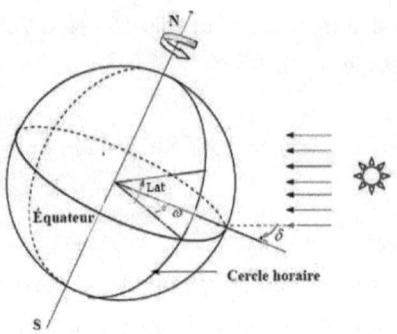

FIG. 2.3 – Angle horaire et déclinaison[7]

Elle varie au cours de la journée en fonction de la déclinaison δ, de l'angle horaire ω, et de la latitude Lat, de façon telle que[1] :

$$\sin(h_s) = \cos(\delta)\cos(\omega)\cos(Lat) + \sin(Lat)\sin(\delta) \tag{2.6}$$

Avec :

Lat : latitude du lieu.

ω : angle horaire du soleil.

δ : déclinaison du soleil.

Azimut du soleil (a) : C'est l'angle sur le plan horizontal mesuré à partir du sud avec la projection horizontale des rayons directs du soleil. Il est également donné comme angle entre le méridien local et la projection de la ligne de la vue du soleil dans le plan horizontal, défini par l'équation suivante[1] :

$$\sin(a) = \frac{\cos(\delta)\sin(\omega)}{\cos(h_s)} \tag{2.7}$$

$$\cos(a) = \frac{\sin(\delta)\cos(\omega)}{\cos(h_s)} \tag{2.8}$$

Le signe de l'azimut est le même que celui de l'angle horaire. La Figure 2.4

représente l'azimut et la hauteur du soleil[7].

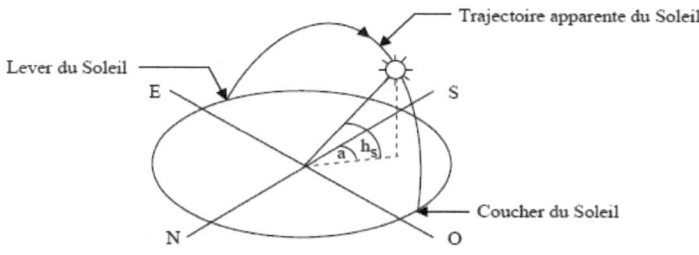

FIG. 2.4 – Représentation de l'azimut et la déclinaison[8]

Durée du jour d_j

On peut déduire les heures de lever et de coucher du soleil à partir de la hauteur angulaire du soleil.

$$\cos(\omega_l) = -\tan(Lat)\tan(\delta) \tag{2.9}$$

Où ω_l (ou ω_c) est l'angle horaire du soleil à son lever (ou à son coucher). La durée du jour d_j est obtenue à l'aide de la formule suivante[1] :

$$d_j = \omega_c - \omega_l \tag{2.10}$$

2.2 Energie solaire

2.2.1 Origine

Les conditions résidentes au coeur du soleil favorisent l'interaction des différents atomes d'hydrogène qui subissent une réaction de fusion thermonucléaire. Le résultat de ce processus, lorsqu'il se répète est la fusion de quatre noyaux d'hydrogène en un noyau d'hélium avec émission d'énergie sous forme de rayonnements gamma et X[9].

10

Chaque seconde, 564 millions de tonnes d'hydrogène se transforment en 560 millions de tonnes d'hélium, cette différence de 4 millions de tonnes par seconde correspond à la différence d'énergie de liaison entre les protons d'hydrogène et ceux d'hélium donnant une énergie sous forme de rayonnement, estimée à $3,82.10^{26}j/s$ [9].

2.2.2 Particularités

L'énergie solaire est la seule source d'énergie externe de la terre, elle présente les propriétés suivantes[10] :

- Elle est universelle, sa densité de puissance maximale est d'environ $1kW/m^2$ à midi par ciel bleu sur toute la planète.
- La densité de puissance maximale reçue au niveau du sol ($1\ kW/m^2$) est peu dense on parle alors d'énergie diffuse.
- Elle est abondante, notre planète reçoit plus de 10^4 fois l'énergie que l'humanité consomme.
- Elle est intermittente et variable à cause de l'alternance du jour et de la nuit, des variations saisonnières et quotidiennes de l'ensoleillement.
- L'énergie reçue par une surface donnée n'est pas récupérable en totalité ceci est dû aux pertes d'énergie par les trois formes de transfert (conduction, convection et rayonnement).
- Elle est propre.

2.2.3 Conversion d'énergie : les différentes technologies solaires

Il existe 2 voies d'utilisation directe de l'énergie solaire[11] :
- la conversion thermique.
- la conversion photovoltaique.

Ces transformations ont permis le développement de 3 filières d'exploitation :

11

- l'énergie solaire thermique.
- l'électricité solaire thermodynamique.
- l'électricité solaire photovoltaïque.

Energie solaire thermique

La conversion thermique est la transformation de l'énergie contenue dans les rayonnements solaires en chaleur pour chauffer un fluide caloporteur. Cette conversion se fait à travers un capteur solaire qui comporte essentiellement une surface absorbant l'énergie solaire appelée absorbeur, une couverture transparente et une isolation thermique à l'arrière pour limiter les pertes thermiques. L'absorbeur, qui est presque toujours une surface noire et mate, est le siège de la conversion de l'énergie rayonnante en chaleur et permet le transfert de chaleur à un fluide caloporteur permettant le transport de cette chaleur vers les points d'utilisation[12]. La température du fluide peut alors atteindre 80°C, voire 100°C. Le fluide caloporteur transmet la chaleur à un ballon d'eau chaude pour la production de l'eau chaude sanitaire ou à un plancher solaire (le fluide caloporteur est alors injecté directement dans le plancher des bâtiments entre 25 et 30°C) pour le chauffage de la maison[11].

Energie solaire thermodynamique

Le solaire thermodynamique consiste à concentrer le rayonnement solaire pour obtenir des hautes températures et produire ainsi de l'énergie mécanique et/ou de l'électricité.

Toute installation thermodynamique solaire doit remplir les mêmes fonctions pour transformer l'énergie du rayonnement incident en énergie électrique avec la meilleure efficacité possible[13] :

- La concentration du rayonnement sur l'entrée du récepteur.
- Son absorption sur les parois du récepteur et la transformation de son énergie en chaleur.
- Le transport et éventuellement le stockage de cette chaleur.

– Sa délivrance à un cycle thermodynamique associé à un alternateur pour la production d'électricité.

Trois technologies principales existent aujourd'hui[9] :

– La filière cylindro-parabolique pour atteindre des températures entre 300 et 350°C.
– La filière centrale à tour pour atteindre 1000°C.
– La filière parabolique pour atteindre des températures de 1000°C ou plus.

Energie solaire photovoltaïque

Elle permet de produire de l'électricité par transformation d'une partie du rayonnement solaire avec une cellule photovoltaïque[9].

Les photopiles utilisent l'effet photovoltaïque, elles sont formées d'une couche d'un matériau semi-conducteur et d'une jonction semi-conductrice[9].

Les cellules photovoltaïques sont des fines tranches planes fabriquées à partir de matériaux appelés semi-conducteurs qui sont capables de conduire l'électricité ou de la transporter. Plus de 90% des cellules solaires fabriquées, à l'heure actuelle, sont en silicium. La lumière du soleil fournit l'énergie qui est convertie en courant électrique. Cette lumière est composée de petites particules d'énergie (photons) qui se comportent comme autant des projectiles. Lorsque le matériau absorbe suffisamment de la lumière solaire, des électrons sont arrachés des atomes du matériau par les photons solaires. Ces électrons sont alors libres de circuler et créent un courant électrique[9]. Les cellules solaires reliées entre elles forment un module ou panneau capable de délivrer une puissance de sortie spécifique. Enfin, ces modules sont eux aussi reliés entre eux pour former un groupe ou système capable de fournir une puissance de sortie adaptée à une application donnée ou à la demande globale du courant.

On distingue deux usages principaux aujourd'hui :

– L'électrification pour des sites isolés (tels que l'électrification rurale, les balises lumineuses, les clôtures, les chargeurs, les parcmètres) allant de quelques watts à 1 kW.

– Les applications, de quelques kW au MW, connectées au réseau électrique basse tension : centrales solaires au sol, toits solaires ou installations intégrées aux bâtiments.

2.3 Rayonnement solaire

Le rayonnement solaire est une énergie électromagnétique libérée par les réactions thermonucléraires au sein du soleil. La composition spectrale du rayonnement solaire hors atmosphère peut être assimilée à celle d'un corps noir porté à une température de l'ordre de 6000 *Kelvins* pour des longueurs d'onde supérieures à 1.2 μm (infrarouge). La composition spectrale du rayonnement solaire hors atmosphère est répartie de la manière suivante : 9.2% dans l'ultrat violet, 42.4 % dans le visible et 84.4% dans l'infrarouge[5]. Le rayonnement visible se trouve pour des longueurs d'onde comprises entre 0.38 μm et 0.78 μm. La Figure 2.5 illustre le spectre du rayonnement solaire en fonction de la longueur d'onde.

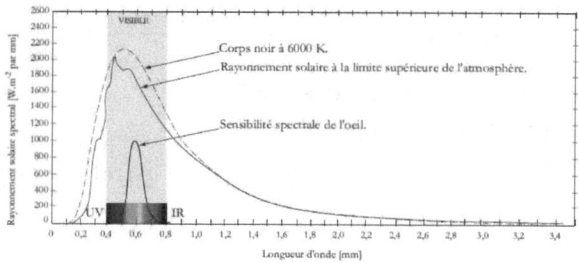

Fig. 2.5 – Variation spectrale du rayonnement solaire en fonction de la longueur d'onde[5]

Malgré la distance entre le soleil et notre planète, l'impact de ce rayonnement sur la terre représente un apport énergétique important. En effet, on peut estimer à 178.10^{15} Watts la puissance interceptée par l'hémisphère éclairé. Sa répartition n'est pas uniforme, ni d'un point de vue géographique, ni temporelle. En effet, la rotation de la terre sur elle-même d'une part et de sa révolution au sein du système solaire d'autre part, produisent une mobilité apparente du soleil en tout site[13, 15, 16].

La répartition de l'énergie solaire dans les bandes du spectre du rayonnement thermique est donnée dans le Tableau 2.1.

TAB. 2.1 – Répartition spectrale du rayonnement thermique

Longueur d'onde (μm)	0-0.38	0.38-0.78	0.78
Pourcentage (%)	6.4	48	45.6
Energie (W/m²)	87	656	623

2.3.1 Rayonnement solaire hors atmosphère : constante solaire

L'éclairement énergétique solaire extraterrestre direct normal hors atmosphère est donné par[5] :

$$E_0 = I_0(1 + 0.0334\cos(\frac{360(N-2)}{365})) \tag{2.11}$$

– I_0 : constante solaire énergétique=1367 W/m^2.

– N : numéro du jour de l'année.

La Figure 2.6 illustre l'éclairement énergétique extraterrestre.

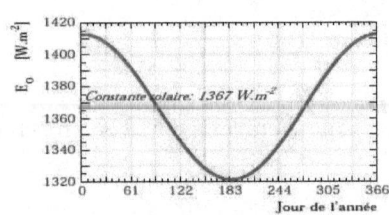

FIG. 2.6 – Eclairement énergétique extraterrestre[5]

15

2.3.2 Atténuation du rayonnement solaire à travers l'atmosphère

L'atténuation du rayonnement solaire dans la direction du soleil est prise en compte au moyen du coefficient global spectral $a_{\chi'}$, sans dimension, qui tient compte de l'influence des différents constituants de l'atmosphère. L'éclairement énergétique solaire spectral dans le plan normal aux rayons du soleil G s'exprime de la façon suivante[5] :

$$G(\lambda') = E_o(\lambda') . \exp(-a_{\chi'}.m) \tag{2.12}$$

$$\frac{G(\lambda')}{E_o(\lambda')} = \exp(-a_{\chi'}.m) \tag{2.13}$$

 – λ' longueur d'onde.
 – m la masse d'air optique relative.
 – E_o l'éclairement énergétique solaire extraterrestre normal hors atmosphère.

La masse d'air optique relative est définie comme l'augmentation relative à la direction du zénith de la longueur du chemin parcouru par les rayons solaires au travers de l'atmosphère dans la direction du soleil. La Figure 2.7 montre qu'elle est directement liée à l'élévation du soleil et à l'altitude du site.

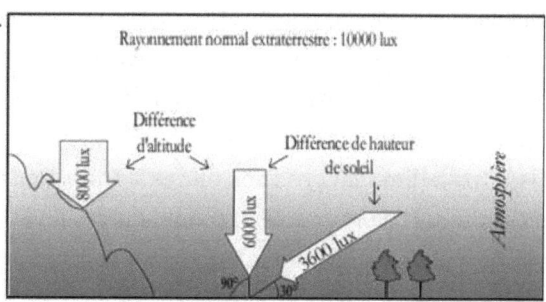

FIG. 2.7 – Variation du chemin parcouru par le rayonnement solaire en fonction de l'altitude du site et de l'élévation du soleil[5]

16

De nombreuses formules existent pour déterminer cette quantité développée ci-dessous[5] :

$$m = \frac{p_a}{p_0} m_0(h_s) \qquad (2.14)$$

– p_a est la pression atmosphérique moyenne du lieu considéré.

– p_0 est la pression atmosphérique moyenne au niveau de la mer.

– m_0 est la masse d'air relative au niveau de la mer.

– h_s est la hauteur du soleil en degrés.

– Alt est l'altitude du lieu en m.

1. si $Alt < 4000\ m, \frac{p_a}{p_0} = 1 - \frac{Alt}{10000}$

2. si $4000\ m < Alt < 10000\ m,\ \frac{p}{p_0} = \exp(\frac{-Alt}{8000})$

3. si $h_s > 7°$, $m_0(h_s) = \frac{1}{\sin(h_s)}$

4. si $h_s < 7°$, $m_0(h_s) = \frac{1}{\sin(h_s)+0.50572(h_s+6.07995°)^{-1.6364}}$

2.3.3 Propagation du rayonnement solaire dans l'atmosphère

Lorsque le rayonnement solaire se propage dans l'atmosphère, il interagit avec les constituants gazeux de cette dernière et avec toutes les particules présentes en suspension (aérosols, gouttelettes d'eau et cristaux de glace). Le rayonnement solaire peut être réfléchi, diffusé ou absorbé[14, 15] :

– Réfléchi par la surface terrestre (I_r), c'est-à-dire renvoyé dans une direction privilégiée ou de manière diffuse.

– Diffusé (I_d), c'est-à-dire renvoyé dans toutes les directions. Le phénomène de diffusion se produit dans un milieu contenant des fines particules ou des molécules et dépend fortement de la taille des particules considérées. L'influence des molécules est plus intense pour les courtes longueurs d'onde que pour les grandes.

– Absorbé par les composants gazeux de l'atmosphère. Cette absorption est dite sélective, car elle s'opère pour des valeurs de longueur d'onde bien précises. Elle est due essentiellement à la vapeur d'eau, à l'ozone, au dioxyde de carbone et, à un degré moindre, à l'oxygène. C'est l'effet de serre qui empêche la terre de se refroidir durant le nuit[15].

– La partie restante arrive directement à la surface de la terre et constitue le rayonnement solaire direct I_b.

Le rayonnement global G d'origine solaire reçu au sol est la somme de ces trois dernières composantes[5].

La Figure 2.8 illustre le rayonnement solaire avec ses différentes composantes.

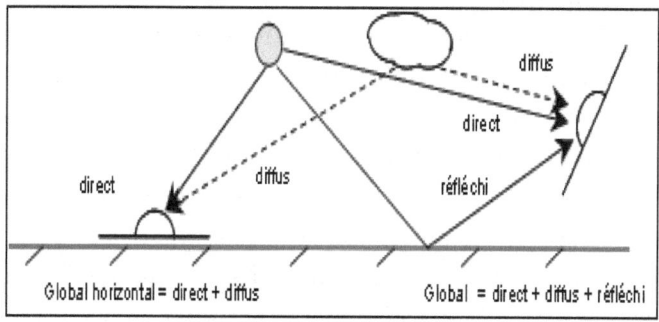

FIG. 2.8 – Propagation du rayonnement solaire dans l'atmosphère[19]

2.4 Chauffe-eau solaire

2.4.1 Description des systèmes de chauffage solaire de l'eau

Les systèmes de chauffage solaire de l'eau utilisent des capteurs solaires qui convertissent en chaleur aussi bien le rayonnement diffus que la rayonnement direct et une unité de pompage pour transférer la chaleur à la charge, en général par l'intermédiaire d'un réservoir de stockage. L'unité de pompage

18

comprend la ou les pompes (utilisées pour faire circuler le fluide caloporteur entre les capteurs et le réservoir de stockage) et des équipements de contrôle et de sécurité. Un système de chauffage solaire de l'eau convenablement conçu peut fonctionner quand la température extérieure est bien en dessous du point de congélation (zéro degré Celsius) et, s'il est protégé contre les risques de surchauffe, les jours chauds et fortement ensoleillés. De nombreux systèmes ont également un chauffage auxiliaire de sorte que les besoins en eau chaude du client sont satisfaites même lorsqu'il n'y a pas assez de soleil. La Figure 2.9 illustre les trois fonctions de base d'un chauffe-eau solaire[17] :

– Collecte d'énergie solaire : le rayonnement solaire est capté puis transformé en chaleur par un capteur solaire.
– Transfert d'énergie : un fluide caloporteur permet le transfert la chaleur générée par le capteur solaire à un réservoir de stockage thermique; la circulation est naturelle (systèmes à thermosiphon) ou forcée en utilisant un circulateur (pompe à faible tête de pression).
– Stockage : l'eau chaude est stockée jusqu'à son utilisation dans un réservoir souvent placé dans la chambre mécanique d'un bâtiment ou en toiture dans le cas d'un système à thermosiphon.

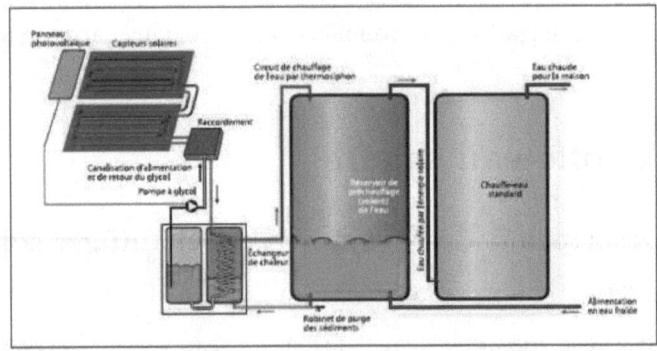

Fig. 2.9 – Schéma d'un système solaire résidentiel typique[17]

2.4.2 Captation de l'énergie solaire

La captation de l'énergie solaire se fait selon deux manières différentes : sans ou avec concentration[13, 15].

Captation sans concentration : capteurs plans

Le rayonnement solaire peut être transformé en chaleur à basse température, par des capteurs plans utilisant conjointement l'absorbeur, surface sélective et vitrage. Ces capteurs ont l'avantage d'utiliser aussi bien les rayons directs du soleil que les rayons diffusés, c'est à dire que même par temps couvert, le liquide caloporteur de capteur parvient à s'échauffer. L'autre avantage est qu'il n'est pas nécessaire d'orienter le capteur suivant le soleil[17].

Capteurs à liquide plans sans vitrage : Les capteurs plans sans vitrage, tels que celui montré dans la Figure 2.10, sont ordinairement fait de plastique polymère noir. Ils n'ont pas de revêtement sélectif et n'ont ni cadre ni isolation en arrière. Ils sont simplement posés sur un toit ou sur un support en bois. Ces capteurs de faible coût captent bien l'énergie solaire, cependant les pertes thermiques vers l'environnement augmentent rapidement avec la température de l'eau, particulièrement dans les endroits à forte vitesse du vent. En conséquence, les capteurs sans vitrage sont couramment utilisés pour des applications demandant une fourniture d'énergie à basse température (piscines, eau d'appoint en pisciculture, chaleur industrielle, etc.). Dans les climats froids, ils sont habituellement utilisés exclusivement durant l'été à cause de leurs pertes thermiques élevées. Ces capteurs sont recommandés lorsque des températures inférieures à 40°C sont cherchées[17].

Capteurs à liquide plans avec vitrage : Dans les capteurs à liquide plans avec vitrage, comme montré dans la Figure 2.11, une plaque absorbante est fixée dans un cadre entre un vitrage simple ou double et un panneau isolant placé à l'arrière. Dans ces capteurs protégés par des vitrages, l'effet de serre se fait selon le principe suivant : le vitrage permet la traversée du rayonnement solaire qui échauffe l'absorbeur. Ce dernier émet un rayonnement infrarouge de grande longueur d'onde, pour lequel le verre est opaque de sorte que la chaleur ainsi rayonnée reste piégée[12]. Ces capteurs sont couramment utilisés pour des applications à températures modérées (chauffage de l'eau sanitaire, chauffage de locaux, chauffage de piscines intérieures ouvertes toute l'année et chauffage pour procédés industriels).

La plupart des capteurs plans vitrés permettent d'obtenir des gains de température allant jusqu'à 70°C par rapport à la température ambiante[17].

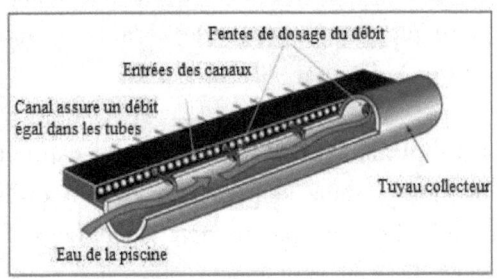

FIG. 2.10 – Schéma d'un capteur à liquide plan sans vitrage[17]

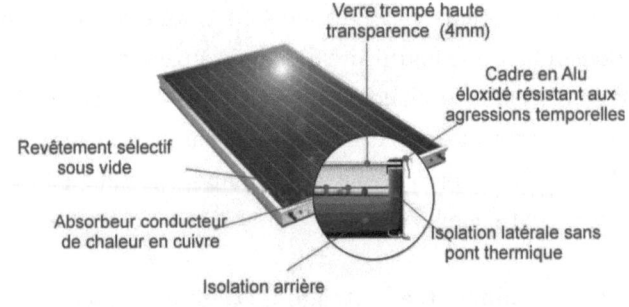

FIG. 2.11 – Schéma d'un capteur à liquide plan avec vitrage[17]

Capteurs solaires à tubes sous vide : Les capteurs solaires à tubes sous vide, comme montré dans la Figure 2.12, comportent un absorbeur revêtu d'une surface sélective et enfermé sous vide dans un tube en verre. Ils captent bien l'énergie solaire et leurs pertes thermiques vers l'environnement sont extrêmement faibles. Ces capteurs sont bien adaptés aux applications requérant la fourniture d'énergie à des températures moyennes ou hautes (eau chaude domestique, chauffage de locaux et applications de chauffage industriel dans des gammes de températures de $60°C$ à $80°C$, selon la température extérieure), en particulier dans les climats froids[17].

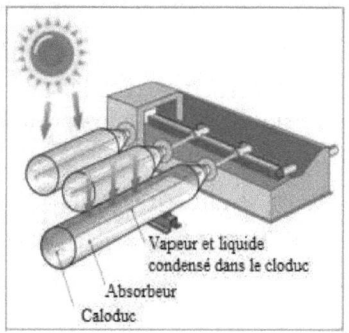

FIG. 2.12 – Schéma d'un système de capteurs solaires à tubes sous vide[17]

Captation avec concentration : capteurs à concentration

Principe de la concentration : La concentration s'obtient par réflexion du rayonnement solaire sur des formes géométriques qu'on appelle les miroirs solaires. Les rayons déviés se concentrent dans la zone focale ainsi l'énergie reçue par l'unité de surface dans cette zone est beaucoup plus importante.

Le facteur de concentration géométrique est le rapport entre la surface exposée au soleil et normale aux rayons et la surface de l'absorbeur. Il varie de 1 (capteur plan) à 10000 et plus pour les capteurs paraboliques. Il est donc un indicateur de la quantité de concentration réalisé par un collecteur donné[9].

Définition d'un concentrateur : Le concentrateur est un appareil destiné à transformer l'énergie solaire en énergie thermique utilisable. Ainsi, un fluide caloporteur est utilisé pour récupérer cette énergie transformée par l'intermédiaire des surfaces d'échanges.

Les systèmes à concentration dirigent essentiellement le rayonnement direct vers l'absorbeur. Leurs utilisations ne peuvent donc pas être envisagées dans des régions à forte nébulosité[9].

Cependant, on est amené à comparer le flux incident et les pertes thermiques qui dépendent de la surface absorbante[9] :

– Flux incident : il est possible, théoriquement de multiplier le flux incident naturel par un facteur pouvant aller jusqu'à 10^4.

– Les pertes thermiques : la surface absorbante va être le siège de déperditions thermiques par rayonnement et par convection.

Avantages et inconvénients de la concentration : Par comparaison aux capteurs plans, on peut citer les avantages et les inconvénients suivants pour les systèmes à concentration [9].

Avantages :

1. Les surfaces réfléchissantes nécessitent moins de matière et sont structurellement plus simples que les collecteurs plans ; le coût au m^2 de l'échangeur thermique est inférieur avec un système à concentration.

2. L'aire d'absorption d'un système à concentration est plus faible que celle d'un capteur plan pour la même surface collectrice du rayonnement solaire (surface spécifique faible).

3. Parce que l'aire de l'absorbeur est plus petite que celle d'un capteur plan, la densité d'énergie, au niveau de l'absorbeur est supérieure, donc le fluide caloporteur peut travailler à des températures plus élevées pour la même surface captatrice d'énergie.

4. Les systèmes à concentration peuvent être utilisés pour la production

d'énergie électrique. Le nombre d'heures annuelles de fonctionnement est plus élevé que celui d'un capteur plan. Le surcoût de l'installation peut s'amortir en un temps plus court par un gain supplémentaire d'énergie.

5. Parce que la température atteinte avec les systèmes à concentration est plus élevée, la quantité de chaleur qui peut être stockée est plus grande et, par conséquent le coût de stockage est plus faible pour des systèmes à concentrateurs qu'à capteurs plans. Pour les applications tels que le chauffage et la climatisation, la température la plus élevée du fluide atteinte avec les systèmes à concentration permet d'obtenir des rendements thermodynamiques plus élevés pour le cycle de refroidissement que dans les systèmes à capteurs plan ; donc ces systèmes sont plus économiques.

6. En cas de non fonctionnement en hiver, il faut moins d'antigel pour les systèmes à concentration que dans les systèmes à capteurs plans.

Inconvénients :

1. On collecte peu ou pas du tout du rayonnement diffus.

2. Dans les systèmes réfléchissants stationnaires, il faut ajuster périodiquement soit le concentrateur, soit le récepteur thermique selon l'époque de l'année. Le rendement est plus faible que pour les systèmes à poursuite qui, par contre sont plus coûteux.

3. Dans les systèmes à poursuite à chaudière mobile, il faut au moins une connexion flexible pour extraire le fluide chaud de l'échangeur thermique, d'où la nécessité d'un entretien périodique et source de pannes possibles.

4. Le pouvoir réflecteur des miroirs décroît dans le temps et il faut les réargenter ou les repolir.

Réflecteur cylindro-parabolique : Un capteur cylindro-parabolique (voir Figure 2.13) est un capteur à concentration à foyer linéaire utilisant un réflecteur cylindrique de section parabolique. Dans un concentrateur cylindro-parabolique, le fluide caloporteur (eau, huile thermique ou gaz) peut être porté à environ 400°C[18].

FIG. 2.13 – Réflecteur cylindro-parabolique[18]

Réflecteur parabolique : Un capteur parabolique (voir Figure 2.14) est un capteur à concentration utilisant un réflecteur en forme de parabole de révolution et qui concentre les rayons solaires dans un foyer ponctuel. Dans les concentrateurs paraboliques, on peut obtenir des températures élevées (jusqu'à 1500°C)[18].

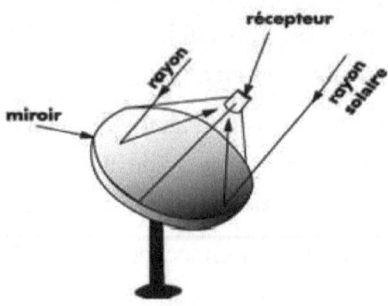

FIG. 2.14 – Capteur parabolique[18]

Centrale à tour : Un héliostat utilise un ensemble de pointeurs solaires à double axe qui dirige le rayonnement solaire vers un grand absorbeur situé dans une tour. Actuellement, la seule application du capteur héliostat est la production d'énergie dans un système dénommé «centrale à tour». Une centrale à tour (voir Figure 2.15) possède un ensemble de grands miroirs qui suit le mouvement du soleil. Les miroirs concentrent les rayons du soleil sur le récepteur en haut de la grande tour. Un ordinateur garde les miroirs alignés afin que les rayons du soleil, qui sont réfléchis, visent toujours le récepteur, où la température peut dépasser 1000^oC. De la vapeur à haute pression est générée afin de produire de l'électricité[18].

FIG. 2.15 – Système de centrale à tour[18]

2.4.3 Stockage

Vue l'intermittence de l'énergie solaire, le stockage de celle-ci est bien inévitable. Il existe diverses technologies de stockage de l'eau chaude qui dépendent du type du chauffe-eau choisi.

Stockage séparé

Partant d'un chauffe-eau à stockage séparé, le ballon est placé soit verticalement loin du capteur plan, soit horizontalement posé sur le capteur comme représentés sur la Figure 2.16. Un seul ballon d'eau chaude, pour un usage domestique, fournit de 75 à 300 litres par jour. Il fonctionne en libérant l'eau chaude par le top du réservoir ; et en faisant l'entrée d'eau froide par le bas à la place de l'eau chaude utilisée. A cause du chauffage d'eau continu, il y aura des pertes thermiques dont ils seront minimisées par des calorifuges entourant les parois du réservoir[19].

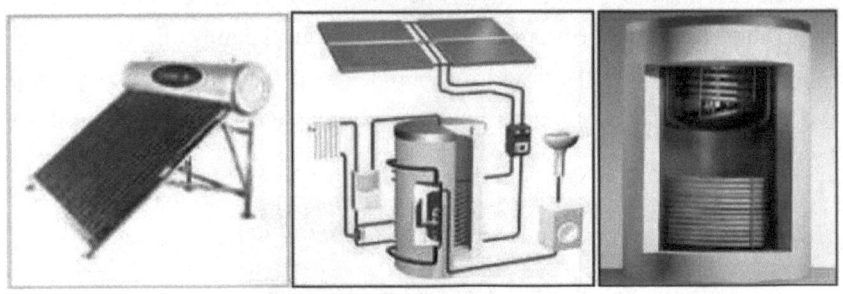

FIG. 2.16 – Types de réservoirs de stockage d'eau séparé[19]

Stockage intégré

Le chauffe-eau solaire à stockage intégré relie le capteur et le ballon de stockage dans un seul composant. Son fonctionnement est autonome et son installation est très simple. En effet, il suffit de brancher l'alimentation de l'eau froide et de connecter le départ de l'eau chaude à un robinet. C'est le chauffe-eau solaire le moins cher. Les inconvénients sont dus au ballon, dont une grande partie ne peut pas être isolée étant donné qu'elle fonctionne comme absorbeur[20, 21]. La Figure 2.17 illustre les deux types de stockage intégré.

Comparaison entre les deux types de stockage

Pour bien choisir le chauffe eau solaire qui répond aux exigences de l'utilisateur, les avantages et les inconvénients de deux types de stockage sont résumés dans le Tableau 2.2[19].

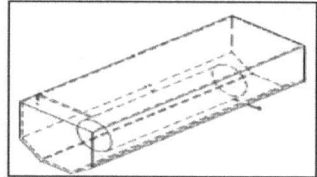

FIG. 2.17 – Types de stockage intégré[19]

TAB. 2.2 – Différents types de stockage de l'eau

Type de stockage	Avantages	Inconvénients
Stockage séparé	- Grande capacité de stockage - Faibles pertes thermiques nocturnes - Longue durée de stockage (jusqu'à 3 jours)	- Corrosion - Encombrant - Nécessite un échangeur pour le chauffage - Coût élevé
Stockage intégré	- Peu encombrant - Faible coût - Chauffage direct	- Pertes thermiques notables - Faible capacité d'eau chaude - Courte durée de stockage (1 jour) - Réservoirs en matériau non corrosif

2.4.4 Chauffe-eau solaire à Concentrateur Parabolique Composé et à stockage intégré

Concentrateur parabolique composé

Le Concentrateur Parabolique Composé (Compound Parabolic Concentrator) est une construction optique conçue dans les années 1960 par un Américain R. Winston[22], un Soviétique V. Baranov, et un Allemand M Plocke, chacun séparément. Le CPC est très utilisé actuellement à l'intérieur des capteurs plans

28

pour renforcer la concentration[23].

Définition du CPC

Le CPC est constitué de deux portions de paraboles identiques placées symétriquement par rapport à un axe (axe IY sur la Figure 2.18). L'une des extrémités d'une parabole (point B) est placée au foyer de l'autre parabole : la parabole passant par les points B et C a le point F pour foyer et le foyer de la parabole en pointillé est le point B. L'autre extrémité des paraboles (C et C') est telle que la tangente verticale en ces points est parallèle à l'axe de symétrie du CPC. La partie utile de la parabole pour constituer le CPC est la partie BC de la figure ci-contre (et FC' pour l'autre). La ligne FB est la pupille de sortie du CPC. Sa largeur est notée d_2. La ligne CC' est la pupille d'entrée du CPC. Sa largeur est notée d_1. La ligne FB est la pupille de sortie du CPC. Sa largeur est notée $d_2^{[23]}$.

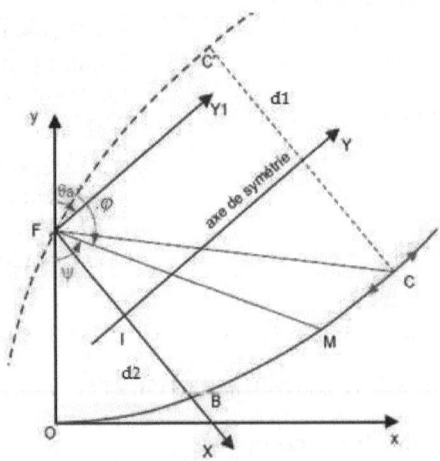

FIG. 2.18 – CPC[23]

29

Equations du CPC

Dans le repère classique (xOy), l'équation de la parabole centrée en O et de distance focale f=OF est :

$$y = \frac{x^2}{4f} \tag{2.15}$$

ou en coordonnées polaires pour un point quelconque M de la parabole.

$$FM = 2f\frac{1}{(1 + \cos\psi)} \tag{2.16}$$

ψ : angle de FM avec l'axe Oy.

Equation polaire en fonction de l'angle φ : ψ=π-φ

D'où :

$$FM = 2f\frac{1}{(1 - \cos\varphi)} \tag{2.17}$$

Calcul de la largeur de pupille de sortie FB=d$_2$

FB est égal à FM quant le point M est en B, soit pour la valeur particulière de φ :

$$\varphi_{B} = \theta_a + \frac{\pi}{2} \tag{2.18}$$

Donc $\cos\varphi_B = -\sin\theta_a$

Ce qui donne $FB = d_2 = 2f\frac{1}{(1+\sin\theta_a)}$

Et par conséquent :

$$f = \frac{d_2}{2}(1 + \sin\theta_a) \tag{2.19}$$

On a donc :

$$FM = d_2\frac{1 + \sin\theta_a}{1 - \cos\varphi} \tag{2.20}$$

Calcul des coordonnées du point M dans le repère (XIY)

Le point I est le milieu de FB, donc $FI = \frac{d_2}{2}$, donc dans le repère (XIY) un point M quelconque du CPC est donné par :

$$X_M = d_2 \frac{(1 + \sin\theta_a)\sin(\varphi - \theta_a)}{1 - \cos\varphi} - \frac{d_2}{2} \tag{2.21}$$

$$Y_M = d_2 \frac{(1 + \sin\theta_a)\cos(\varphi - \theta_a)}{1 - \cos\varphi} \tag{2.22}$$

Le paramètre φ varie de $2\theta_a$ (au point C) à $\frac{\pi}{2} + \theta_a$ (au point B).

Hauteur du CPC

La hauteur du CPC est donnée par l'ordonnée du point C dans le repère XIY :

$$Y_C = d_2 \frac{(1 + \sin\theta_a)\cos(\varphi - \theta_a)}{1 - \cos\varphi} = d_2 \frac{(1 + \sin\theta_a)\cos\theta_a}{1 - \cos 2\theta_a} = d_2 \frac{(1 + \sin\theta_a)\cos\theta_a}{2\sin^2\theta_a} \tag{2.23}$$

$$Y_C = d_2 \frac{(1 + \sin\theta_a)}{2\tan\theta_a . \sin\theta_a} = \frac{1}{2\tan\theta_a}(\frac{d_2}{\sin\theta_a} + d_2] = \frac{(d_1 + d_2)}{2\tan g\theta_a} \tag{2.24}$$

Soit :

$$h = \frac{(d_1 + d_2)}{2\tan\theta_a} \tag{2.25}$$

Considérations géométriques

Les caractéristiques principales du CPC sont, avec les notations de la Figure 2.19 :

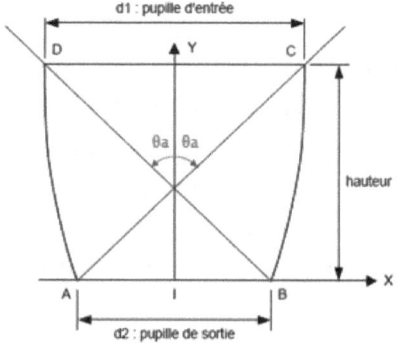

FIG. 2.19 – Caractéristiques principales du CPC[23]

Pupille d'entrée : d_2

$$d_2 = \frac{2f}{1 + \sin\theta_a} \tag{2.26}$$

Pupille de sortie : d_1

$$d_1 = \frac{d_2}{\sin\theta_a} = \frac{2f}{\sin\theta_a(1 + \sin\theta_a)} \tag{2.27}$$

Hauteur du CPC :

$$h = \frac{(d_1 + d_2)}{2\tan\theta_a} \tag{2.28}$$

Coefficient de concentration :

$$C = \frac{d_1}{d_2} = \frac{1}{\sin\theta_a} \tag{2.29}$$

Le CPC est parfaitement défini lorsqu'on connait d_2 et θ_a.

Propriété du CPC

La propriété principale du CPC est que tout rayon lumineux traversant la pupille d'entrée sous une incidence comprise entre $\pm\theta_a$, est renvoyé sur un point situé sur la pupille de sortie. Les rayons arrivent directement ou indirectement, après réflexion sur une des parois. Les rayons arrivent sur la pupille de sortie sous toutes les incidences possibles. Par contre, un rayon entrant dans le CPC avec une incidence supérieure à θ_a finira par en sortir[23].

2.4.5   Chauffe-eau solaire à stockage intégré avec CPC

Les chauffe-eau solaires à stockage intégré ne cessent d'évoluer de point du vue structure et aussi performance. En effet, plusieurs modèles ont été conçus mais qui diffèrent par la conception du CPC mis en jeu[24−40].

Les ICS (abréviation : Integrated Collector Storage) sont composés d'un dispositif à double rôles : la collection de la radiation solaire et le stockage de la chaleur dans le réservoir de stockage durant la nuit. Les réservoirs de type cylindrique sont les plus utilisés dans les systèmes ICS commerciaux. La conception de ces différents systèmes diffère du fait que les recherches menées favorisent l'augmentation de la température de sortie du réservoir en dépit des déperditions thermiques nocturnes ou le cas contraire c'est-à-dire minimiser les pertes thermiques en dépit de la captation de rayonnements solaires et c'est en calorifugeant des parties du réservoir de stockage[41−45].

Récemment, des nouveaux systèmes multitubes sont développés et admettent un rendement optique plus élevé que les ICS à un ou deux réservoirs car ces derniers présentent des pertes optiques plus importantes issues de l'utilisation du réflecteur. Dans ce qui suit, on explicitera les nouveaux modèles d'ICS conçus :

ICS à un seul réservoir de stockage avec CPC symétrique

Les ICS à CPC symétrique diffèrent par la forme du réflecteur et l'angle d'acceptation. Différentes configurations des systèmes ICS à CPC symétrique ont été étudiées expérimentalement [46]. Ils désignent par STS-A (pour dire Single Tank System type A) le modèle dont le réflecteur est constitué par deux parties paraboliques (AB) et (DA') et deux parties circulaires (BC) et (C'D). Pour ce système le $\frac{1}{4}$ de la surface cylindrique de l'absorbeur est isolé thermiquement. L'angle d'acceptation est $2\theta_a$ qui est égal à 90°. Le système STS-A (Figure 2.20) diffère de celui STS-B (Figure 2.21) par la valeur de l'angle d'acceptation $2\theta_a$ qui est inférieure à 90°. Le système STS-C (Figure 2.22), lui aussi présente deux parties paraboliques (AB) et (DA') et deux parties circulaires (BC) et (C'D) formant la surface réflectrice, est conçu sans isolation thermique de la surface cylindrique de l'absorbeur[45, 47].

La Figure 2.20 illustre le système STS-A :

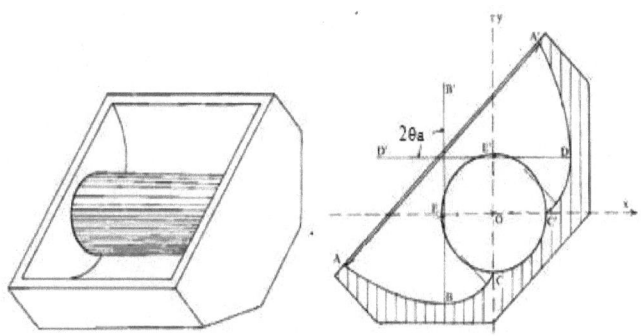

FIG. 2.20 – Système STS-A[45]

La Figure 2.21 illustre le système STS-B :

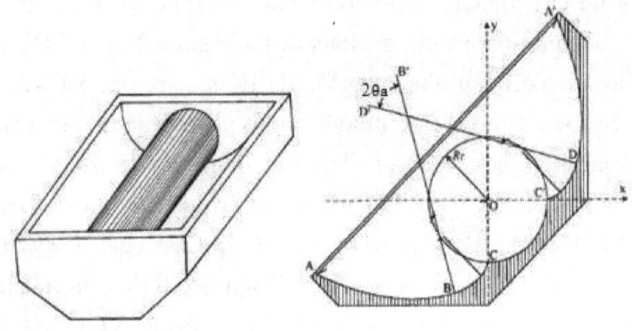

FIG. 2.21 – Système STS-B

La Figure 2.22 illustre le système STS-C :

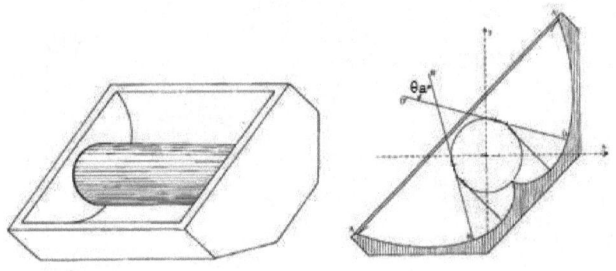

FIG. 2.22 – Système STS-C[47]

ICS à un seul réservoir de stockage avec CPC asymétrique

– Modèle STS-D : Il est conçu pour atteindre une performance thermique
satisfaisante du réservoir pendant la nuit en se basant sur la protection

35

thermique. Le quart de la surface du réservoir de stockage est isolé thermiquement (voir Figure 2.23). La surface réflectrice est formée par deux parties paraboliques (AB) et (C'A') et une partie circulaire (BC). L'angle d'acceptation $2\theta_a$ est égal à $90°$[48].

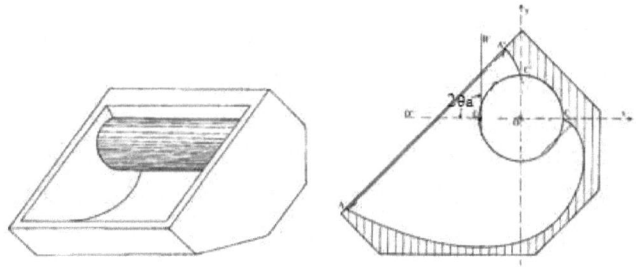

FIG. 2.23 – Système STS-D[48]

– Modèle STS-E : L'isolation thermique couvre le 1/8 de la surface cylindrique du réservoir (voir Figure 2.24).

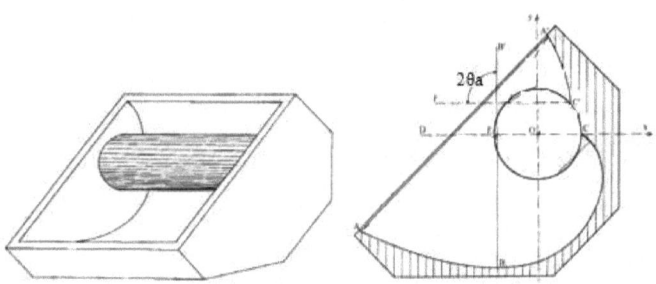

FIG. 2.24 – Système STS-E[48]

ICS avec deux réservoirs de stockage

La plupart des systèmes ICS sont constitués d'un réservoir cylindrique et des surfaces réflectrices incurvées pour concentrer la plus grande partie du rayon-

36

nement solaire incident. Cependant, cherchant à améliorer les performances de ces systèmes, le développement d'autres modèles à deux réservoirs cylindriques a eu lieu[43].

La combinaison des réflecteurs symétriques ou asymétriques avec deux ballons de stockage cylindriques est un sujet intéressant pour l'illumination de l'absorbeur, le chauffage de l'eau et la suppression des pertes thermiques[43]. Dans les systèmes à double réservoirs de stockage, un réservoir est utilisé pour un préchauffage et l'autre pour le chauffage essentiel de l'eau et la préservation effective de la température de l'eau pendant la nuit. Tripanagnostopoulos et al.[43] ont pu fabriquer différents modèles de CPC avec double réservoirs de stockage qui sont schématisés sur la Figure 2.25.

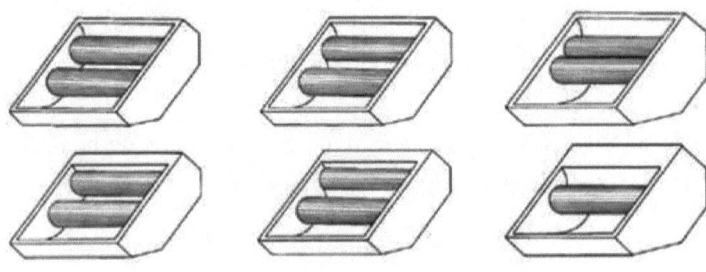

FIG. 2.25 – Différents modèles de systèmes ICS à deux réservoirs de stockage[43]

ICS à stockage multitubes

En plus des réservoirs de stockage cylindriques de diamètres importants, il existe des systèmes à stockage intégré qui consistent en un grand nombre de tubes avec des petits diamètres placés l'un à coté de l'autre comme montré sur la Figure 2.26.

Les systèmes ICS à stockage multitubes ont un rendement optique plus élevé que les autres systèmes[49]. Dans les différentes configurations, ces systèmes utilisent la moitié de leurs surfaces cylindriques pour absorber le rayonnement solaire et l'autre moitié non illuminée est thermiquement isolée.

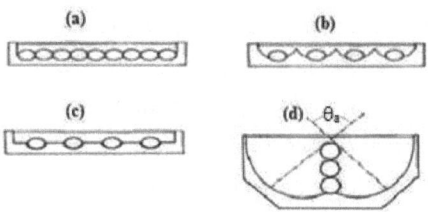

FIG. 2.26 – ICS à stockage multitubes[49]

Les systèmes d'ICS multitubes ne sont pas pratiques vu qu'ils sont trop lourds, couteux et nécessitent plusieurs connecteurs pour la circulation d'eau[49]. La réduction du nombre de tubes est un pas positif pour obtenir des coûts bas des systèmes ICS tubulaires. Les deux systèmes présentés (c) et (b) sont deux conceptions suggérées utilisant respectivement des ailettes conductrices ou des réflecteurs incurvés. Le plus petit nombre de tubes contribue non seulement à la réduction du coût du système mais également à l'accomplissement d'une élévation plus importante de la température de l'eau à la partie supérieure des tubes montés verticalement[49]. Le système (d) a une profondeur plus large que celle des systèmes (a), (b) et (c). Cependant, leurs absorbeurs tubulaires sont presque totalement illuminés visant à accomplir une élévation suffisante de la température dans toute la masse d'eau stockée[49].

2.5 Conclusion

Une étude bibliographique a été menée afin de définir l'énergie et la radiation solaires.

Un aperçu sur des travaux réalisés concernant les chauffe-eau solaires à stockage intégré avec CPC a été fait. Ces derniers systèmes représentent une simple construction, installation et manipulation. Ils sont compacts, moins encombrants et esthétiquement meilleurs que ceux à éléments séparés.

Les nouvelles recherches menées dans ce contexte favorisent l'augmentation de la température de l'eau dans le réservoir de stockage en dépit des déperditions thermiques nocturnes ou le cas contraire c'est-à-dire minimiser les pertes thermiques en dépit de la captation de rayonnements solaires et c'est en calorifugeant des parties du réservoir de stockage. Dans le but de collecter le maximum de rayonnements solaires d'une part et minimiser les pertes thermiques d'autre part, s'inscrit le travail développé dans cette thèse.

Le chapitre suivant concerne le dimensionnement, la modélisation et la simulation d'un chauffe-eau solaire à stockage intégré avec un concentrateur parabolique composé (CPC) formé de trois branches paraboliques.

Chapitre 3

Dimensionnement, Modélisation et simulation

Le dimensionnement des unités solaires dépend de la puissance demandée par l'utilisateur ainsi que de la densité du flux solaire[3]. En effet, l'augmentation de la température de l'eau stockée est liée à la quantité de chaleur reçue qui depend de la surface apparente du système[3]. Dans ce chapitre, les différentes étapes de dimensionnement et réalisation du chauffe-eau solaire à stockage intégré sont données. Elles représentent la description du prototype en se basant sur la géométrie de la cavité réflectrice composée de trois branches paraboliques ainsi que les caractéristiques géométriques du réservoir de stockage qui y est placé horizontalement d'une façon bien définie. Ensuite, les différentes équations mathématiques sont établies pour modéliser le système conçu sous un langage de programmation. Pour se faire, un programme de simulation écrit sous Matlab a été mis au point. Celui-ci a permis d'estimer les performances thermiques tels que le rendement thermique journalier et le coefficient des pertes nocturnes pour n'importe quel instant de la journée en se rapprochant le maximum possible du fonctionnement réel du système.

3.1 Dimensionnement et réalisation

Partant d'un système de chauffe-eau solaire à stockage intégré existant à l'Ecole Nationale d'Ingénieurs de Gabès, celui-ci est formé d'un réflecteur constitué de trois branches paraboliques et d'un réservoir cylindrique placé horizontalement à l'intérieur de la cavité réflectrice, des améliorations sont à apporter. Ce chauffe-eau solaire présente une géométrie encombrante, une cavité réflectrice fabriquée en inox ayant ainsi une réflectivité moyenne et des pertes thermiques nocturnes considérales. Dans le but de rendre ce système plus compact, améliorer ses propriétés optiques et déterminer les dimensions géométriques de chaque branche parabolique et l'emplacement du réservoir de stockage à l'intérieur de la cavité réflectrice pour minimiser les pertes thermiques nocturnes, s'inscrit le travail développé dans ce chapitre .

Afin de dimensionner le nouveau chauffe-eau solaire à stockage intégré avec CPC, l'objectif fixé est de parer au besoin en eau chaude d'une famille composée de quatre personnes durant les périodes les moins ensoleillées ainsi que pendant la nuit. En plus, le système ICS doit fonctionner sans appoint (sans aucun apport de source d'énergie externe). Il convient à partir de ça et en premier lieu de bien choisir le volume de stockage d'eau qui correspond au volume du réservoir qui est de forme cylindrique. En deuxième lieu, ce réservoir, qui joue le double rôle de collecte de rayonnements solaires qui arrivent ou bien directement sur sa surface externe ou bien après réflections par la cavité réflectrice et de stockage de l'eau chaude, doit être placé d'une façon permettant la collecte maximale des rayonnements solaires d'une part et la protection efficace pendant la nuit d'autre part.

3.1.1 Description du prototype

Le système ICS étudié est représenté en détail sur la Figure 3.1 dans laquelle $2w$ est la largeur de l'ouverture d'entrée (largueur de la surface apparente) et $2w'$ est la largeur de l'ouverture de sortie. Les différentes caractéristiques de ce

41

collecteur sont comme suit :

- $(\mathrm{QF_2})$ et $(\mathrm{F_1P})$ sont deux sections de deux paraboles identiques. Le troisième segment $(\mathrm{F_1F_2})$ est une partie d'une autre parabole différente.
- Le foyer $\mathrm{F_1}$ du 1er segment $(\mathrm{QF_2})$ se trouve au bord opposé de l'ouverture de sortie et pareil pour l'autre moitié $(\mathrm{F_1P})$.
- Le foyer $\mathrm{F_3}$ de la troisième section $(\mathrm{F_1F_2})$ se trouve à l'intersection de $(\mathrm{PF_2})$, qui est parallèle au 1er axe parabolique de la $2^{\grave{e}me}$ partie, et $(\mathrm{QF_1})$ qui est également parallèle à l'axe parabolique de la $2^{\grave{e}me}$ partie.
- L'axe de symétrie du concentrateur est $(\mathrm{OF_3})$.
- Pour n'importe quel angle d'incidence, une certaine fraction des rayons solaires reçus par la surface apparente atteindra directement la surface de l'absorbeur, alors que les autres rayons l'atteindront après une ou plusieurs réflexions. Par conséquent on peut définir un nombre moyen de réflexions $< N >$ pour ce système.
- L'intersection entre $(\mathrm{F_1Q})$ et $(\mathrm{F_2P})$ définit l'angle d'acceptation $2\theta_a$ du système. Dans ce cas $\theta_a = 48°$.
- Ce concentrateur réalise un taux de concentration $C = \frac{1}{\sin\theta_a}$ quand $(|\theta_i| \leq \theta_a)$ où θ_i est l'angle d'incidence du rayonnement solaire.

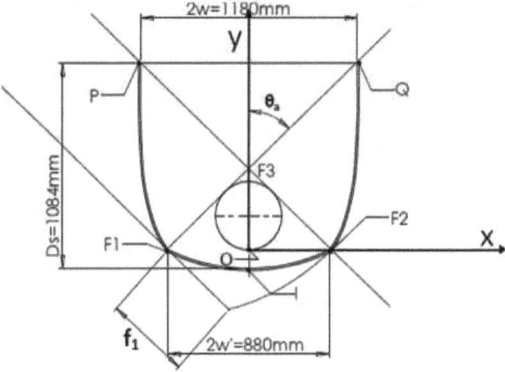

FIG. 3.1 – Système ICS nouvellement conçu

3.1.2 Réflecteur

Géométrie de la cavité

Rappels sur la parabole : Une parabole, comme donné dans la Figure 3.2, est l'ensemble des points situés à égale distance d'une droite fixe appelée directrice, et un point fixe (F) appelé foyer[50]. L'intersection de la parabole et de son axe est le sommet (V) qui est exactement intermédiaire entre le foyer et la directrice.

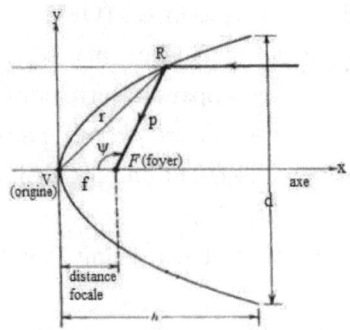

FIG. 3.2 – Caractéristiques géométriques d'une parabole[50]

– L'équation de la parabole est donnée par l'Eq (3.1)[51] :

$$x = \frac{y^2}{4f} \tag{3.1}$$

où f est la distance focale FV.

  – Le rayon parabolique p qui est la distance (RF) entre la courbe de la parabole et le foyer f est donné par l'Eq (3.2) :

$$FR = p = \frac{2f}{1 + \cos\psi} \tag{3.2}$$

Avec :

ψ : angle mesuré à partir de la ligne (VF) et le rayon parabolique (p).

43

– La hauteur h peut être définie comme la distance maximale du sommet à une ligne tracée à travers l'ouverture de la parabole, elle est définie par l'Eq (3.3)[52] :

$$h = \frac{d^2}{16f} \tag{3.3}$$

Première branche parabolique (section QF₂) : La première section parabolique (QF_2) représentée sur la Figure 3.3.

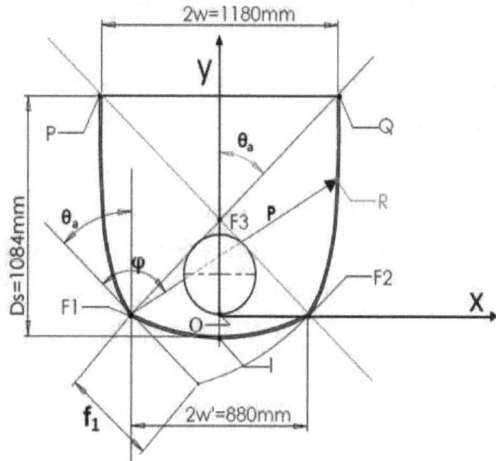

FIG. 3.3 – Caractéristiques géométriques de la première section parabolique (QF_2)

Elle est caractérisée par :
– Le foyer F_1 et la distance focale f_1 donnée par l'Eq (3.4) comme montrée dans l'Eq (3.30) :

$$f_1 = w'(1 + \sin\theta_a) \tag{3.4}$$

Avec $w' = 440\ mm$ et $\theta_a = 48°$

44

– Le rayon parabolique p est donné par l'Eq (3.5) :

$$p = F_1 R = \frac{2f_1}{1 - \cos\varphi} = \frac{f_1}{\sin^2(\frac{\varphi}{2})} \tag{3.5}$$

Avec $\varphi \in [2\theta_a, \frac{\pi}{2} + \theta_a]$.

– Les coordonnées x et y de chaque point de cette branche parabolique représentée sur la Figure 3.3 sont données par l'Eq (3.6) :

$$\begin{cases} x = \frac{f_1}{\sin^2(\frac{\varphi}{2})} \sin(\varphi - \theta_a) - w' \\ y = \frac{f_1}{\sin^2(\frac{\varphi}{2})} \cos(\varphi - \theta_a) \end{cases} \tag{3.6}$$

Deuxième branche parabolique (section F_1P) : La seconde section parabolique (F_1P) est symétrique par rapport à l'axe (OF_3) à (QF_2) et elle est caractérisée par :

– Le foyer F_2 et la distance focale f_2 qui est égale à f_1 donnée par l'Eq 3.4.
– Le même rayon parabolique que celui donné par l'Eq 3.5.
– Les coordonnées x et y de chaque point de cette branche parabolique représentée sur la Figure 3.3 sont données par l'Eq (3.7) :

$$\begin{cases} x = -\frac{f_1}{\sin^2(\frac{\varphi}{2})}(\sin(\varphi - \theta_a) - w') \\ y = \frac{f_1}{\sin^2(\frac{\varphi}{2})} \cos(\varphi - \theta_a) \end{cases} \tag{3.7}$$

Avec $\varphi \in [2\theta_a, \frac{\pi}{2} + \theta_a]$.

Troisième branche parabolique (section F_1F_2) : La troisième section parabolique (F_1F_2) représentée sur la Figure 3.4.

– En se basant sur l'Eq (3.3), la distance focale du troisième segment parabolique (F_2F_1) représenté sur la Figure 3.4 est calculée selon l'Eq (3.8) :

$$f_3 = \frac{(F_1F_2)^2}{16IO} \tag{3.8}$$

45

– Le rayon parabolique p' est donné par l'Eq (3.9) :

$$p' = \frac{2f_3}{1 - \cos\varphi} = \frac{f_3}{\sin^2(\frac{\varphi}{2})} \tag{3.9}$$

Avec $\varphi \in [\pi - \theta_a, \pi + \theta_a]$.

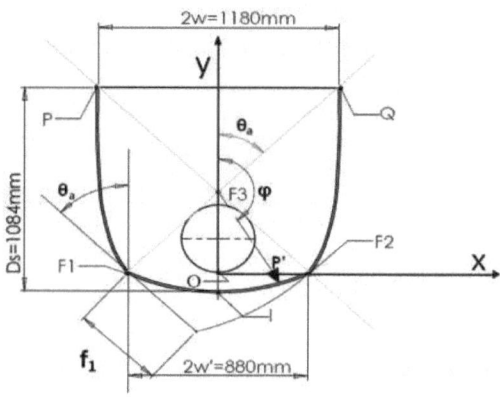

FIG. 3.4 – Caractéristiques géométriques de la troisième branche parabolique (F_1F_2)

– Les coordonnées x et y de chaque point de cette branche parabolique représentée sur la Figure 3.4 sont données par l'Eq (3.10) :

$$\begin{cases} x = \frac{f_3}{\sin^2(\frac{\varphi}{2})} \sin\varphi \\ y = \frac{f_3}{\sin^2(\frac{\varphi}{2})} \cos\varphi + OF_3 \end{cases} \tag{3.10}$$

Longueur du réflecteur

La longueur réflectrice de chaque section parabolique L_i ($i = 1, 2$ et 3) est calculée par l'intégrale de l'Eq (3.11) suivante donnée par Fraidenraich et al[52] :

$$L_i = 2^{\frac{3}{2}} . f_i \int_{\psi_{\min,i}}^{\psi_{\max,i}} \frac{1}{(1 + \cos\psi)^{\frac{3}{2}}} d\psi \tag{3.11}$$

Avec :
- f_i indique la distance focale de la branche parabolique i.
- (ψ) est l'angle polaire mesuré dans le sens des aiguilles d'une montre à partir de l'axe de la parabole (VF) avec le centre au foyer F.
- $(\psi_{\min,i})$ et $(\psi_{\max,i})$ sont les angles définissant les limites inférieure et supérieure de la section parabolique.

L'Eq (3.11) peut être remplacée par l'expression analytique de l'Eq (3.12) suivante[52] :

$$
\begin{aligned}
L_i = 2^{\frac{3}{2}}.f_i. & \left[\left(\cos(\tfrac{\psi_{\max,i}}{2}) \right)^3 Ln \left(\frac{\cos(\frac{\psi_{\max,i}}{4})+\sin(\frac{\psi_{\max,i}}{4})}{\cos(\frac{\psi_{\max,i}}{4})-\sin(\frac{\psi_{\max,i}}{4})} \right) + \frac{\sin(\psi_{\max,i})}{2} \right] . \frac{1}{\left(1+\cos(\psi_{\max,i})\right)^{\frac{3}{2}}} \\
& + \left[\left(\cos(\tfrac{\psi_{\min,i}}{2}) \right)^3 Ln \left(\frac{\cos(\frac{\psi_{\min,i}}{4})+\sin(\frac{\psi_{\min,i}}{4})}{\cos(\frac{\psi_{\min,i}}{4})-\sin(\frac{\psi_{\min,i}}{4})} \right) - \frac{\sin()}{2} \right] . \frac{1}{\left(1+\cos(\psi_{\min,i})\right)^{\frac{3}{2}}}
\end{aligned}
$$

$$(3.12)$$

En remplaçant les distances focales f_1, f_2 et f_3 par leurs valeurs issues de l'Eq (3.4) et l'Eq (3.8) et $(\psi_{\min,i})$ et $(\psi_{\max,i})$ limitant chaque section parabolique formant le CPC, on trouve $L_1 = L_2 = 1.24\ m$ et $L_3 = 0.95\ m$.

La longueur totale de la cavité du réflecteur est égale à la somme des longueurs des trois segments paraboliques : $L = 3.43\ m$.

3.1.3 Détails de la conception

Absorbeur

Le réservoir de stockage cylindrique a un diamètre $D_{ab} = 0.36\ m$ et une longueur $L_{ab} = 0.99\ m$, ce qui donne un volume d'eau stockée $V_{ab} = 100$ litres. Ces valeurs sont choisies pour parer au besoin en eau chaude d'une famille composée de quatre personnes.

Le réservoir de stockage est construit en inox d'épaisseur $2\ mm$ afin de résister à la pression de l'eau à l'intérieur, sa surface extérieure est peinte en noir (d'absorptivité $\alpha_r = 0.92$). L'absorbeur est situé aux zones focales des trois sections paraboliques de façon à ce qu'il soit totalement illuminé par les trois

47

sections paraboliques du réflecteur.

Réflecteur

– La largeur d'ouverture du CPC est $W_{app} = 2w = 1.18$ m et la longueur
  d'ouverture est $L_{app} = 1.27$ m, ce qui donne une surface d'ouverture du
  système $A_{app} = 1.5$ m^2. Le coefficient de concentration géométrique C du
  système est défini par $C = A_{app}/A_{ab}$, où A_{ab} est la surface d'absorption
  qui est $A_{ab} = 1.12m^2$, $C = 1.34$.

– Le concentrateur a une profondeur totale $D_S = 1.084$ m sans troncation.

– La surface réflectrice du système ICS est fabriquée par un matériau présentant une réflectivité, $\rho_r = 0.85$ (aluminium).

– On a utilisé une couverture transparente présentant une transmissivité
  élevée, $\tau = 0.93$ pour couvrir le système réalisé.

– Les surfaces extérieures de la cavité réflectrice et les deux extrémités
  plates du système sont isolées thermiquement avec du polyuréthane qui
  a une conductivité thermique $K = 0.05$ $Wm^{-1}K^{-1}$ et une épaisseur $d_c = 0.05$ m.

– La longueur de l'absorbeur ($L_{ab} = 0.99$ m) est choisie inférieure à celle
  de la surface apparente ($L_{app} = 1.27$ m) pour qu'il soit entièrement à
  l'intérieur de la cavité réflectrice bien protégé, ce qui diminue ses pertes
  thermiques nocturnes vers l'extérieur.

Les Tableaux 3.1 et 3.2 donnent les paramètres géométriques et les propriétés optiques du système ICS.

TAB. 3.1 – Paramètres géométriques du système ICS

	$\mathbf{D}_{ab}$(m)	$\mathbf{V}_{ab}$(l)	W_{app}(m)	A_{app}(m^2)	A_{ab}(m^2)	C	D_s(m)
Valeur	0.36	100	1.18	1.5	1.33	1.34	1.084

TAB. 3.2 – Propriétés optiques du système ICS

		Valeur
Couverture transparente	Absorptivité α_r	0.055
	Réflectivité ρ_r	0.015
	Transmissivité τ	0.93
Réflecteur	Absorptivité α_r	0.15
	Réflectivité ρ_r	0.85
	Transmissivité τ	0
Absorbeur	Absorptivité α_r	0.92
	Réflectivité ρ_r	0.08
	Transmissivité τ	0

3.1.4   Réalisation

La réalisation du système ICS est faite selon la conception conforme au modèle théorique étudié dans la première section de ce chapitre.

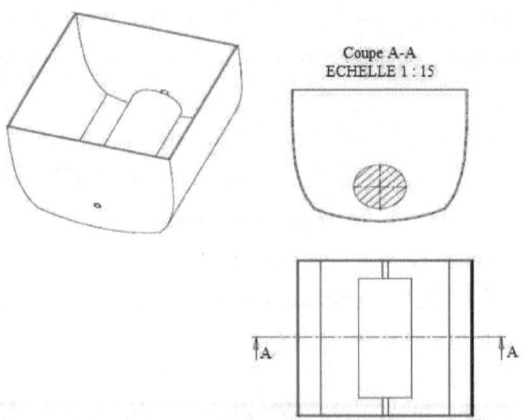

FIG. 3.5 – Conception géométrique du système ICS

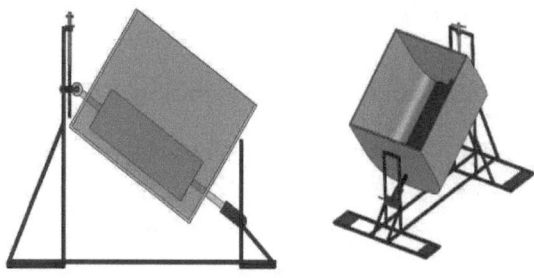

FIG. 3.6 – Système ICS vu de profil

FIG. 3.7 – Photo du système ICS

3.2 Modélisation et simulation du système ICS

Cette section décrit les méthodes qui déterminent théoriquement le flux du rayonnement incident, le rendement optique, le coefficient de pertes thermiques et le rendement thermique du collecteur.

3.2.1 Modélisation du flux incident

Plusieurs modèles mathématiques ont été élaborés pour évaluer l'éclairement solaire au niveau du capteur. Parmi ces modèles on cite celui d'Eufrat, de Perrin

Brichambaut, Kasten et Hay[53].

Rayonnement solaire sur une surface inclinée

Tout rayonnement d'origine solaire reçu au sol a trois composantes qui sont : le rayonnement direct I_b, diffus I_d et réfléchi I_r. Pour une surface inclinée, ces composantes sont multipliées par certains facteurs[54].

Rayonnement solaire direct : Le rayonnement solaire direct provient directement du soleil mais subit, malgré tout, une atténuation de son intensité[55]. Pour une surface horizontale, ce rayonnement est donné par l'Eq (3.13)[55] :

$$I_b = 1230 \exp\left(\frac{-1}{3.8 \sin(h_s + 1.6)}\right) \sin(h_s) \qquad (3.13)$$

Rayonnement solaire diffus : Le rayonnement solaire diffus arrive sur le plan récepteur après avoir été réfléchi par les nuages, les poussières, les aérosols et le sol[56]. Pour une surface horizontale, ce rayonnement est donné par l'Eq (3.14)[56] :

$$I_d = 125 \times (\sin h_s)^{0.4} \qquad (3.14)$$

Flux sur une surface inclinée : Le flux total reçu par une surface inclinée peut être calculé selon le modèle de Liu et Jordan[57] :

$$I_T = r_b I_b + r_d I_d + r_r(I_b + I_d) \qquad (3.15)$$

– r_b est le rapport entre le flux du rayonnement solaire direct reçu par une surface inclinée à celui reçu par une surface horizontale et s'appelle le facteur d'inclinaison pour le rayonnement solaire direct[54]. r_b est donné par l'Eq 3.16[54]

$$r_b = \frac{\frac{\sin(\delta)\sin(Lat)\cos(\beta)-\sin(\delta)\cos(Lat)\sin(\beta)\cos(a)+\cos(\delta)\cos(Lat)\cos(\beta)\cos(\omega)}{\sin(Lat)\sin(\delta)+\cos(Lat)\cos(\delta)\cos(\omega)}+}{\frac{\cos(\delta)\sin(Lat)\sin(\beta)\cos(a)\cos(\omega)+\cos(\delta)\sin(\beta)\sin(a)\sin(\omega)}{\sin(Lat)\sin(\delta)+\cos(Lat)\cos(\delta)\cos(\omega)}} \tag{3.16}$$

Avec :

- δ : déclinaison du soleil.
- Lat : latitude du lieu.
- β : angle d'inclinaison du capteur.
- a : azimuth du lieu.
- ω : angle horaire du soleil.
- r_d est le facteur d'inclinaison pour le rayonnement solaire diffus qui est le rapport entre le flux diffus reçu par une surface inclinée et celui reçu par une surface horizontale[54]. r_d est donné par l'Eq 3.17[54].

$$r_d = \frac{(1 + \cos\beta)}{2C} \tag{3.17}$$

- r_r est le facteur d'inclinaison pour le rayonnement réfléchi qui est donné par l'Eq 3.18[54] :

$$r_r = \frac{(1 - \cos\beta)}{2C}\rho_s \tag{3.18}$$

- ρ_s est la réflectivité de la surface environnante, elle est prise égale 0.2 pour la surface environnante à moins que celle-ci est neigeuse.

L'organigramme de calcul, sous Matlab, pour la détermination du flux solaire est donné dans l'Annexe A.

3.2.2 Rendement optique

Nombre moyen de reflections

Le rendement optique du système ICS peut être calculé par une méthode approximative proposée par Rabl[58]. Cette méthode est basée sur le nombre moyen des réflexions $< N >$ (méthode d'ANR). Le rendement optique η_0 est donné par l'Eq 3.19 :

$$\eta_0 = \tau \alpha_r \rho_r^{<N>} \xi \qquad (3.19)$$

Le nombre moyen des réflexions $< N >$ est déterminé par la relation suivante :

$$< N >= \frac{A_r}{A_{ab}} E_{(r-ab)} \qquad (3.20)$$

où A_r et A_{ab} sont les surfaces du réflecteur et de l'absorbeur et E_{r-ab} est le facteur d'échange radiatif entre les surfaces réflectrice et absorbante quand ρ_r tend vers 1.

Le paramètre ξ est donné par l'Eq 3.21 :

$$\xi = \frac{(I_b + I_d.C^{-1})}{I_T} \qquad (3.21)$$

L'Eq (3.21) est une relation approximative employée par Rabl et al.[58] pour les dispositifs solaires avec un petit coefficient de concentration C. I_b, I_d, et I_T sont les rayonnement solaires direct, diffus et global reçus par la surface apparente du collecteur. En considérant que $I_b = 0.2I_T$[59] et $C = 1.34$, ξ vaut 0.949.

Le calcul du rendement optique est effectué en considérant que chaque partie de la surface réflectrice contribue à un nombre moyen de réflexions selon sa géométrie.

Par conséquent :

$$< N >= \sum_{i=1}^{3} < N >_{i,parabole} \qquad (3.22)$$

où $< N >_{i,parabole}$ est le nombre moyen des réflexions relative à la branche parabolique i formant la surface réflectrice du système ICS.

$$< N >_{i,parabole} = \frac{f_i}{2A_{ab}} [\frac{\sqrt{2(1-\cos\psi)^{\frac{1}{2}}-2}}{1+\cos\psi} + Ln\frac{\sin\psi+\sqrt{2(1-\cos\psi)^{\frac{1}{2}}}}{1+\cos\psi}]_{\psi_{min,i}}^{\psi_{max,i}} \quad (3.23)$$

ψ est l'angle du segment parabolique réflecteur comme donné dans la Figure 3.2. $\psi_{min,i}$ et $\psi_{max,i}$ sont les angles minimal et maximal limitant la section parabolique correspondante.

Le nombre moyen des réflexions $< N >$ peut être exprimé par :

$$< N >_{i,parabole} = \frac{f_i}{2A_{ab}} [\Omega(\psi_{max,i}) - \Omega(\psi_{min,i})] \quad (3.24)$$

Où :

$$\Omega(\chi) = \frac{\sqrt{2(1-\cos\chi)^{\frac{1}{2}}-2}}{1+\cos\chi} + Ln\frac{\sin\chi+\sqrt{2(1-\cos\chi)^{\frac{1}{2}}}}{1+\cos\chi} \quad (3.25)$$

χ prend la valeur de l'angle maximum ou minimum limitant les branches paraboliques du réflecteur.

En considérant $\psi_{min,i} = 0$ pour les trois branches paraboliques, l'Eq 3.24 est alors donnée sous la forme suivante :

$$< N >_{i,parabole} = \frac{f_i}{2A_{ab}} [\frac{(\sqrt{2(1-\cos\psi_{max,i})^{\frac{1}{2}}-1}}{1+\cos\psi_{max,i}} + Ln(\frac{\sin\psi_{max,i}+\sqrt{2(1-\cos\psi_{max,i})^{\frac{1}{2}}}}{1+\cos\psi_{max,i}})] + 1 \quad (3.26)$$

$$< N >_{i,parabole} = \frac{f_i}{2A_{ab}} [Z(\psi_{max,i}] \quad (3.27)$$

$$Z(\chi) = \frac{\sqrt{2(1-\cos\chi)^{\frac{1}{2}}-1}}{1+\cos\chi} + Ln(\frac{\sin\chi+\sqrt{2(1-\cos\chi)^{\frac{1}{2}}}}{1+\cos\chi}) \quad (3.28)$$

$$Z(\chi) = \Omega(\chi) + \Omega(0) = \Omega(\chi) - 1 \quad (3.29)$$

Les fonctions $\Omega(\chi)$ et $Z(\chi)$ sont des formules qui correspondent au nombre moyen de réflexions.

Dans l'Eq 3.26, en substituant $\psi_{\mathrm{max},i}$ par ses valeurs correspondantes et en considérant l'Eq 3.22, nous trouvons $< N >= 1.15$ pour le modèle ICS.

3.2.3 Bilan thermique au niveau du réservoir absorbeur

Nous prenons, dans ce qui suit, l'hypothèse que la couverture transparente dans le capteur solaire est opaque au rayonnement infrarouge et n'absorbe pas le rayonnement solaire dont elle reçoit[54].

La surface absorbante du réservoir s'échauffe sous l'effet de l'absorption des rayonnements incidents. L'eau récupère, par convection et par conduction une partie de cette énergie absorbée et subit une élévation de sa température[54]. Le bilan thermique de la paroi absorbante, en régime établi par unité de surface de l'absorbeur, s'écrit :

$$Q_u = Q_a - Q_p \qquad (3.30)$$

- Q_u : puissance utile pour chauffer l'eau à l'intérieur du réservoir ($\mathrm{W/m^2}$).
- Q_a : puissance absorbée par unité de surface ($\mathrm{W/m^2}$).
- Q_p : puissance perdue ($\mathrm{W/m^2}$).

Puissance absorbée

La puissance absorbée par le capteur est donnée par l'Eq 3.31[54] :

$$Q_a = C\rho_e \tau \alpha_r \xi I_T \qquad (3.31)$$

Avec :
- C : coefficient de concentration du capteur ($C = \frac{A_{app}}{A_{ab}}$).
- I_T : rayonnement solaire reçu par une surface inclinée.
- ρ_e : réflectivité effective de la surface du concentrateur[54].

$$\rho_e = \rho_r^{<N>} \qquad (3.32)$$

55

- τ : transmissivité de la couverture transparente.
- α_r : absorptivité de la surface de l'absorbeur.
- ρ_r : réflectivité du réflecteur.
- $< N >$: nombre moyen des réflexions subies par tous les rayonnements incidents sous un angle d'incidence inférieur à l'angle d'acceptation, avant d'atteindre la surface de l'absorbeur.
- ξ : facteur d'interception qui représente le rapport entre l'énergie interceptée par l'absorbeur et celle réfléchie par les surfaces réfléchissantes. ξ est donné par l'Eq 3.21.

Puissance utile

La puissance utile délivrée par un capteur solaire est égale à l'énergie absorbée par le capteur moins les pertes de chaleur directes ou indirectes de la surface à l'environnement. Elle peut être obtenue à partir de la formule suivante donnée par l'Eq 3.33[54] :

$$Q_u = q_e C_{c,e}[T_s - T_e] \qquad (3.33)$$

où :
- T_s : température de sortie de l'eau.
- T_e : température d'entrée de l'eau.
- q_e : débit massique du fluide par unité de surface ($Kg/s.m^2$).
- $C_{c,e}$: capacité calorifique de l'eau.

Puissance perdue

La puissance perdue est donnée par l'Eq 3.34[54] :

$$Q_p = U_s[T_{ab,m} - T_a] \qquad (3.34)$$

- $T_{ab,m}$: température moyenne de l'absorbeur.
- T_a : température ambiante.

– U_s : coefficient global des pertes thermiques.

En remplaçant Q_a, Q_u et Q_p par leurs expressions respectives données par les Eq 3.31, 3.33 et 3.34, le bilan thermique au niveau de l'absorbeur s'écrit comme donné dans l'Eq 3.35 :

$$C\tau\rho_e\alpha_r\xi I_T = q_e C_{c,e}[T_s - T_e] + U_s[T_{ab,m} - T_a] \tag{3.35}$$

Rendement thermique

Le rendement thermique global instantanné du système, qui est le rapport entre la puissance utile Q_u et la puissance reçue Q_R par le système, est donné par l'Eq 3.36[54] :

$$\eta = \frac{Q_u}{Q_R} = \frac{Q_a - Q_p}{CI_T} = \tau\rho_r^{<N>}\alpha_r\xi - \frac{U_s[T_{ab,m} - T_a]}{CI_T} \tag{3.36}$$

– C est le coefficient de concentration du système.

3.2.4 Expression du coefficient global des pertes thermiques

Comme pour les capteurs plans, un convertisseur d'énergie solaire à concentration comporte principalement un absorbeur-échangeur qui est le siège de déperditions thermiques par convection et rayonnement sur sa face éclairée et de pertes par conduction sur sa face qui comporte l'échangeur de température[7, 54].

Dans notre cas, la cavité réflectrice du collecteur est isolée thermiquement sur sa surface extérieure par du polyuréthane. Par conséquent, les pertes thermiques par conduction ne sont pas prises en considération.

Les échanges thermiques par convection et par rayonnement entre le réservoir de stockage (l'absorbeur) et le milieu extérieur dans notre capteur solaire couvert peuvent être shématisés comme indiqué sur la Figure 3.8.

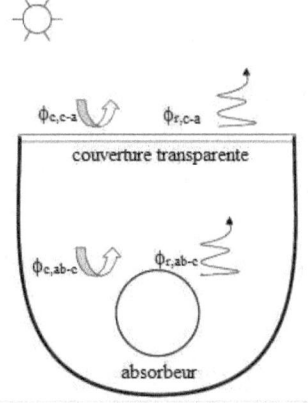

FIG. 3.8 – Schéma des flux convectifs et radiatifs dans le système ICS

Etant donné que le capteur est isolé sur ses parois extérieurs, les pertes thermiques par convection et par rayonnement peuvent s'écrire :

$$\phi_{c,ab-c} + \phi_{r,ab-c} = \phi_{c,c-a} + \phi_{r,c-a}$$

Où :

- $\phi_{c,ab-c}$: flux échangé par convection entre l'absorbeur et la couverture transparente.
- $\phi_{r,ab-c}$: flux échangé par rayonnement entre l'absorbeur et la couverture transparente.
- $\phi_{c,c-a}$: flux échangé par convection entre la couverture transparente et l'air environnant.
- $\phi_{r,c-a}$: flux échangé par rayonnement entre la couverture transparente et le ciel.

Chacun de ces flux peut s'exprimer de la manière suivante :

- $\phi_{c,ab-c} = h_{c,ab-c}(T_{ab,m} - T_{c,m})$ où :
- $h_{c,ab-c}$: coefficient d'échange par convection entre l'absorbeur et la couverture transparente. $h_{c,ab-c}$ est donné par l'Eq 3.37[7] :

58

$$h_{c,ab-c} = 3.3 \ W/m^2 K \tag{3.37}$$

- $T_{ab,m}$: température moyenne de l'absorbeur.
- $T_{c,m}$: température moyenne de la couverture transparente.
- $\phi_{r,ab-c} = \sigma \frac{(T_{ab,m}^4 - T_{c,m}^4)}{\frac{1}{\varepsilon_{ab}} + \frac{1}{\varepsilon_c} - 1}$ que l'on peut aussi écrire : $\phi_{r,ab-c} = h_{r,ab-c}(T_{ab,m} - T_{c,m})$ où :
- $h_{r,ab-c}$: coefficient d'échange par rayonnement entre l'absorbeur et la couverture transparente. $h_{r,ab-c}$ est donné par l'Eq 3.38[7] :

$$h_{r,ab-c} = \sigma \varepsilon_\alpha (T_{ab,m}^2 + T_{c,m}^2)(T_{ab,m} + T_{c,m}) \tag{3.38}$$

Avec :

$$\varepsilon_\alpha = \frac{1}{\frac{1}{\varepsilon_{ab}} + \frac{1}{\varepsilon_c} - 1} \tag{3.39}$$

- ε_α : émissivité apparente du système.
- ε_c : émissivité de la couverture transparente.
- ε_{ab} : émissivité de l'absorbeur.
- σ : constante de Stephan qui est égale à. $5.67 \ 10^{-8} \ W/m^2 K^4$.
- $\phi_{c,c-a}$, qui dépend principalement de la vitesse du vent, est donné par : $\phi_{c,c-a} = h_w(T_{c,m} - T_a)$ où :
- h_w : coefficient d'échange par convection par la couverture transparente et l'air environnant. h_w est calculé par la corrélation empirique suivante suggérée par McAdams[7, 54, 61].

$$h_w = 5.7 + 3.8 V_\infty \tag{3.40}$$

- T_a : température ambiante.
- V_∞ : vitesse du vent en m/s.
- $\phi_{r,c-a} = \sigma \varepsilon_c (T_{c,m}^4 - T_a^4)$ que l'on peut aussi écrire : $\phi_{r,c-a} = h_{r,c-a}(T_{c,m} - T_a)$ où :
- $h_{r,c-a}$: coefficient d'échange par rayonnement entre la couverture trans-

parente et le ciel. $h_{r,c-a}$ est donné par l'Eq 3.41 suivante :

$$h_{r,c-a} = \sigma \varepsilon_c \frac{(T_{c,m}^4 - T_a^4)}{(T_{c,m} - T_a)} \tag{3.41}$$

Le bilan thermique de la couverture transparente peut alors s'écrire sous la forme de l'Eq 3.42[7] :

$$[(h_{c,ab-c} + h_{r,ab-c})(T_{ab,m} - T_{c,m})]A_{ab} = [(h_w + h_{r,c-a})(T_{c,m} - T_a)]A_{app} \tag{3.42}$$

L'expression du coefficient global des pertes thermiques est donnée par :

$$U_s = \frac{1}{\frac{1}{h_{c,ab-c}+h_{r,ab-c}} + \frac{1}{h_w+h_{r,c-a}}} \tag{3.43}$$

Basé sur des calculs pour un grand nombre de cas, le coefficient global des pertes, qui considère les déperditions thermiques par convection vers l'air environnant et par rayonnement vers le ciel et étant donné que le niveau de température est proche de celui d'un capteur plan, est approximé par l'expression empirique suivante[54, 60] :

$$U_s = \left[\frac{M}{(\frac{c}{T_{ab,m}})(\frac{T_{ab,m}-T_a}{M+f})^{0.33}} + \frac{1}{h_w} \right]^{-1} + \left[\frac{\sigma(T_{ab,m}^2 + T_a^2)(T_{ab,m} + T_a)}{\frac{1}{\varepsilon_{ab}+0.05M(1-\varepsilon_{ab})} + \frac{(2M+f-1)}{\varepsilon_c} - M} \right] \tag{3.44}$$

Dans notre cas $\beta = 33°$, $\varepsilon_c = 0.85$ et $\varepsilon_p = 0.88$.
- M : nombre de couvertures. Dans notre cas $M = 1$.

$$f = (1 - 0.04h_w + 0.0005h_w^2).(1 + 0.091M) \tag{3.45}$$

$$c = 365.9(1 - 0.00883\beta + 0.0001298\beta^2) \tag{3.46}$$

60

- $T_{ab,m}$, qui est la température moyenne de l'absorbeur, est déterminée à partir des conditions quand le rendement thermique η (Eq (3.36)) vaut $0^{[54,\,62]}$. Elle est donnée par l'Eq 3.47.

$$T_{ab,m} = I_T(\frac{\Delta T}{I_T})_{\eta=0} + T_a = I_T\frac{(C.\eta_0)}{U_s} + T_a \qquad (3.47)$$

- T_a étant la température ambiante qui est donnée par l'Institut National de Météorologie (I.N.M).

La puissance utile donnée dans l'Eq 3.33 peut être exprimée en fonction de la température du fluide et peut être obtenue à partir de la formule suivante donnée par l'Eq 3.48$^{[54]}$:

$$Q_u = F'\left[C\tau\rho_r^{<N>}\alpha_r\xi I_T - U_s(T_m - T_a)\right] \qquad (3.48)$$

Où :

- T_m : la température moyenne du fluide (pour notre cas il s'agit de l'eau).
- F' : facteur de correction ou facteur de rendement du capteur. Ce facteur représente le rapport entre l'énergie utile réelle et l'énergie utile qui aurait pour effet, si la surface d'absorbeur avait été à la température du fluide locale$^{[54]}$:

$$F' = \frac{1}{U_s\left[\frac{1}{\frac{1}{U_s}+\frac{1}{h_f}}\right]} \qquad (3.49)$$

- h_f est le coefficient de transfert de chaleur interne de la surface de l'absorbeur. Dans notre cas, h_f is égal à 1000$^{[54]}$.
- F' est calculé suite à une itération écrite sous Matlab.

La température de sortie de l'eau, donnée dans l'Eq 3.33, est calculeé en utilisant l'Eq (3.50) :

$$T_s = \frac{1}{q_e C_{c,e}}\left[C\tau\rho_r^{<N>}\alpha_r\xi I_T - U_s(T_{ab,m} - T_a)\right] + T_e \qquad (3.50)$$

Le rendement thermique du système est obtenu en considérant l'Eq 3.51[54] :

$$\eta = F' \left[\rho_r^{<N>} \tau \alpha_r \xi - \frac{U_s(T_m - T_a)}{CI_T} \right] \tag{3.51}$$

L'organigramme de calcul de l'inertie thermique sur Matlab est donné dans l'Annexe B.

3.3 Technique de traçage du rayonnement solaire

La modélisation du rayonnement solaire reçu par un CPC peut être faite en utilisant la technique de traçage du rayonnement (ray-tracing technique)[63]. Dans ce contexte, plusieurs travaux ont été réalisés[63–69]. Une procédure de traçage des rayons a été réalisée par Tripagnostopoulos et Yianoulis[64] pour étudier l'effet de la distribution non uniforme de la radiation solaire reçue par des absorbeurs plats combinés avec des CPC symétriques et asymétriques. Souliotis et Tripagnostopoulos[70] ont également proposé une procédure similaire pour étudier l'effet de la distribution non uniforme de la radiation solaire absorbée sur la performance d'un chauffe-eau solaire à stockage intégré avec CPC.

Dans le présent travail, un modèle mathématique permettant de simuler la réflexion du rayonnement solaire dans un réflecteur CPC a été développé[71–73]. En utilisant la géométrie analytique et le calcul vectoriel, les équations ont été évaluées pour le calcul des rayons incidents et réfléchis interceptées par le système ICS[63]. Un programme de simulation écrit sous Visual Basic (environnement Excel) a été élaboré pour la génération des différentes équations utilisées et tracer les rayons réfléchis par la surface réflectrice du système étudié à tout instant selon la procédure proposée par Marquez et al.[63].

3.3.1 Application de la technique de traçage du rayonnement dans le cas du système ICS

La technique de traçage du rayonnement a été employée pour évaluer la conception du CPC à des angles d'incidence différents. La distribution du flux solaire sur la surface d'absorption est déterminée.

Deux cent rayons équidistants reçus par la surface apparente du système pour trois angles d'incidence différents, tels que ($|\theta_i| < \theta_a$ avec θ_a est le demi angle d'acceptation qui est égal à $48°$) ont été tracés.

Les résultats de simulation pour différents angles d'incidence $-10°$, $0°$ et $10°$ sont illustrés sur les Figures 3.9, 3.10 et 3.11.

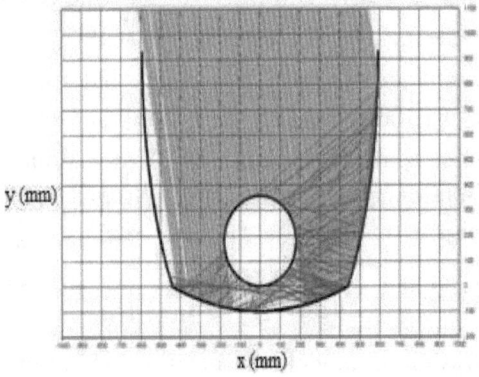

FIG. 3.9 – Distribution des rayons incidents autour de l'absorbeur pour l'angle d'incidence (-10°)

Sur les Figures 3.9, 3.10 et 3.11, on peut observer que tous les rayons directs qui atteignent la surface apparente du collecteur peuvent être par la suite répercutés à l'absorbeur cylindrique, comme il était prévu et que même les zones de l'absorbeur qui n'ont pas été exposées aux rayons directs reçoivent de l'énergie après réflexions successives des rayons solaires sur la cavité réflectrice. En effet, l'ajout de la troisième branche parabolique a augmenté le nombre de rayons réfléchis vers l'absorbeur. Par la suite, le nombre moyen des réflexions $< N >$ augmente et atteint $1,15^{[71]}$ au lieu de $0,39$ pour un réflecteur avec seulement deux branches paraboliques symétriques.

Les résultats montrent que tous les rayons perpendiculaires à l'ouverture du collecteur (Figure 3.10) atteignent l'absorbeur en créeant une symétrie entre les côtés gauche et droit de l'absorbeur.

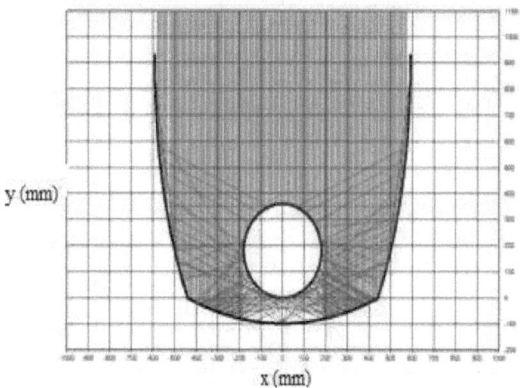

FIG. 3.10 – Distribution des rayons incidents autour de l'absorbeur pour l'angle d'incidence $(0°)$

La Figure 3.11 montre que pour un angle d'incidence de $10°$, les rayons ont été répartis sur la surface de l'absorbeur et sont plus concentrés sur le côté gauche. La partie inférieure gauche de l'absorbeur reçoit plus de rayons que la partie supérieure droite. Ainsi, il n'y a pas de symétrie de la distribution des rayons sur la surface de l'absorbeur entre les côtés gauche et droit et les parties supérieure et inférieure de l'absorbeur.

Quand l'angle d'incidence est égal à $-10°$ (Figure 3.9), les rayons sont plus concentrés sur le côté droit de l'absorbeur. La partie inférieure droite de la surface d'absorption reçoit plus des rayons que les parties supérieure et gauche.

64

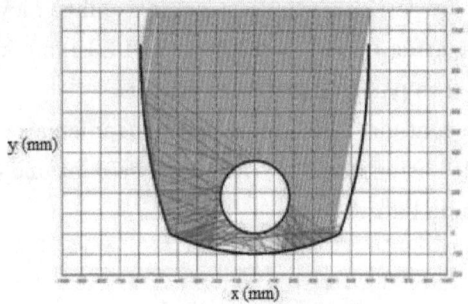

FIG. 3.11 – Distribution des rayons incidents autour de l'absorbeur pour l'angle d'incidence (10°)

Les Figures 3.9, 3.10 et 3.11 ont été comparées à celles rapportées dans la littérature[70] pour des conceptions différentes mais qui ont appliqué la technique de traçage du rayonnement solaire (Figures 3.12 et 3.13). Cette comparaison a montré une bonne concordance. Ce qui prouve que les équations utilisées dans le programme Visual Basic étaient fiables et pouvaient modéliser fidèlement le phénomène de réflexion du rayonnement solaire dans un CPC.

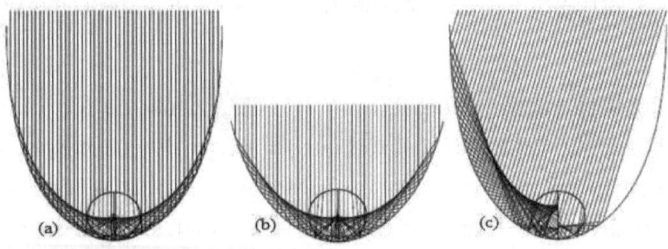

FIG. 3.12 – Diagrammes de traçage du rayonnement solaire dans trois concentrateurs avec CPC[64] : (a) concentrateur sans troncature et angle d'incidence = 0°, (b) concentrateur avec troncature et angle d'incidence = 0°,(c) concentrateur sans troncature et angle d'incidence = 15°,

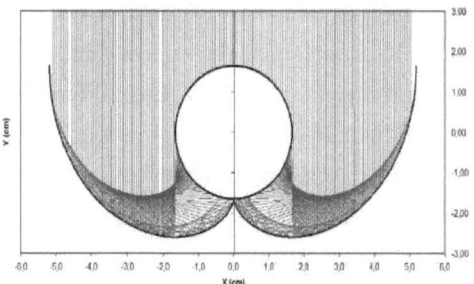

FIG. 3.13 – Diagramme de traçage du rayonnement solaire dans un concentrateur avec CPC[63], angle d'inciende $= 0°$

3.3.2 Distribution du flux d'énergie

Les diagrammes de distribution de la radiation solaire, montrant la distribution du flux solaire sur la surface de l'absorbeur cylindrique du chauffe-eau solaire à stockage intégré conçu, ont été établis en utilisant la technique de traçage du rayonnement.

Les Figures 3.14, 3.15 et 3.16 illustrent la répartition du flux solaire pour les angles d'incidence $-10°$, $0°$ et $10°$.

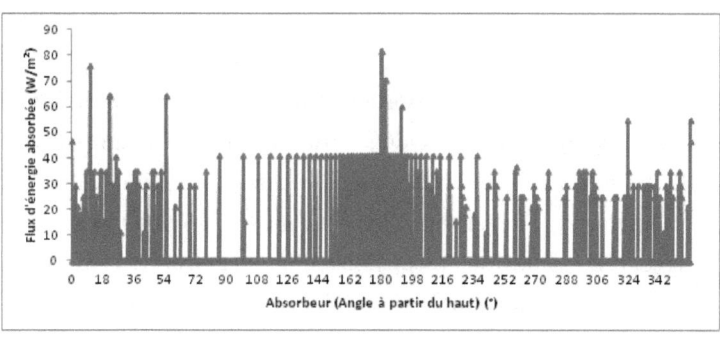

FIG. 3.14 – Distribution du flux d'énergie autour de l'absorbeur pour l'angle d'incidence (-10°)

66

Une variation de la concentration de l'énergie a été réalisée sur la surface de l'absorbeur résultant de la variation des angles d'incidence du rayonnement direct sur la surface apparente du collecteur. Les différents modes de distribution résultent de la réflexion et la réfraction des rayons entrants aux différentes surfaces. Des pics à haute énergie sur l'absorbeur sont obtenus suite à des réflections des rayons solaires par la cavité réflectrice et sont à l'origine de l'augmentation du flux d'énergie absorbée par le réservoir de stockage.

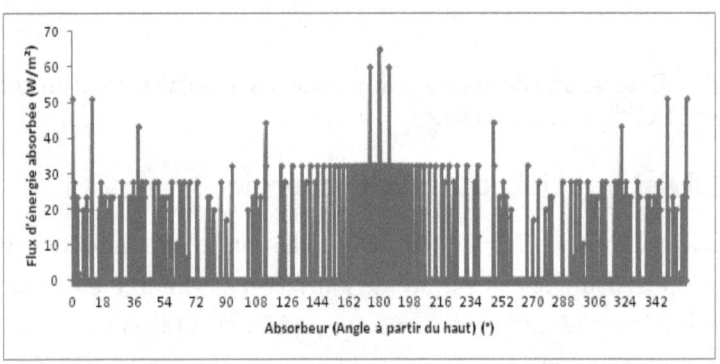

FIG. 3.15 – Distribution du flux d'énergie autour de l'absorbeur pour l'angle d'incidence (0°)

Sur les Figures 3.14, 3.15 et 3.16, on peut constater que les flux d'énergie similaires ont été recueillis par l'absorbeur sur les côtés gauche et droit à l'angle d'incidence 0°. Quand l'angle d'incidence diminue à −10° (Figure 3.15) ou augmente à 10° (Figure 3.16), le flux d'énergie est de plus en plus enregistré sur le côté droit ou gauche de l'absorbeur. Par conséquent, les différentes parties de la surface du réservoir cylindrique recueillent différentes fractions du rayonnement total entrant. Ceci pourrait améliorer la cinétique du transfert thermique.

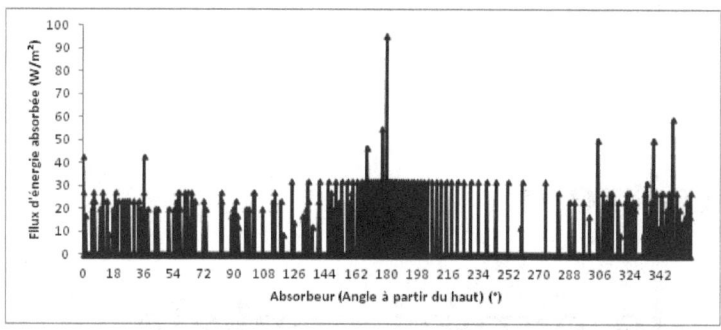

FIG. 3.16 – Distribution du flux d'énergie autour de l'absorbeur pour l'angle d'incidence (10°)

3.4 Conclusion

Un chauffe-eau solaire à stockage intégré avec CPC a été dimensionné et réalisé selon un objectif permettant de couvrir le besoin en eau chaude sanitaire durant les périodes de mauvais ensoleillement ainsi que pendant la nuit. Ce prototype est modélisé en premier lieu selon un programme de simulation écrit sous Matlab afin de prévoir son comportement thermique et d'en déduire ses performances (température moyenne de l'eau dans le réservoir de stockage, rendement thermique et coefficient des pertes nocturnes). En deuxième lieu, il sera testé afin d'évaluer son fonctionnement réel et de valider le modèle théorique. L'étude expérimentale bien détaillée représentera le sujet du chapitre suivant.

Chapitre 4

Etude expérimentale et exploitation des résultats

Dans ce chapitre, l'étude expérimentale faite sur deux prototypes réalisés dans l'unité de recherche Environnement, Catalyse et Analyse des Procédés de l'Ecole Nationale d'Ingénieurs de Gabès (ENIG) est présentée. Les conditions de réalisation des essais expérimentaux sont données et la détermination du rendement thermique journalier ainsi que le coefficient des pertes thermiques nocturnes pour les deux prototypes est précisée.

Ensuite, les résultats donnant les performances thermiques des deux chauffe-eau solaires à stockage intégré sont présentés. Dans un premier lieu, les différents résultats expérimentaux du premier prototype à savoir la variation de l'intensité du flux solaire, la température ambiante ainsi que le profil de la température de l'eau dans le réservoir de stockage sont présentés. Le rendement thermique journalier ainsi que le coefficient de pertes thermiques nocturnes sont aussi évalués. Dans un second lieu, les résultats théoriques du rendement thermique journalier et du coefficient des pertes thermiques nocturnes obtenus du programme de la simulation du nouveau prototype sont interprétés et comparés avec ceux de deux autres systèmes de chauffe-eau solaires qui consistent en un réservoir de stockage cylindrique placé horizontalement dans un CPC symétrique et asymétrique donnés sur la Figure 4.11. Puis, ses performances thermiques expérimentales (rendement thermique, coefficient des pertes et profils de températures de l'eau dans le réservoir de stockage) du système ICS sont aussi interprétées et analysées afin de valider la modélisation numérique du système. Enfin, les résultats expérimentaux obtenus sur les deux systèmes (ancienne et nouvelle configurations) sont exploités et comparés sous forme de graphes.

4.1 Etude expérimentale

4.1.1 Expérimentation de l'ancienne configuration

Description du chauffe-eau existant à l'ENIG

Il s'agit d'un chauffe-eau solaire à stockage intégré sans échangeur de chaleur, constitué d'un réservoir cylindrique en inox (acier inoxydable inerte vis-à-vis de l'eau sanitaire) de volume égal à 95 litres. Ce réservoir est placé à l'intérieur d'un coffre isolé thermiquement avec la laine de verre et comportant un réflecteur composé de trois branches paraboliques. L'ensemble est fermé par une couverture transparente (vitre opaque au rayonnement infrarouge) dont la surface apparente de captation est de 1.92 m^2. Le réservoir de stockage ou l'absorbeur est placé dans le foyer d'un système de concentration au moyen d'un support permettant la libre rotation du système à concentration autour de l'axe de l'absorbeur et une inclinaison variable de l'ensemble. Grâce à ce support, il est possible de choisir une position horizontale ou inclinée du chauffe-eau selon l'ensoleillement et la consommation de l'eau chaude[75]. La surface de concentration des rayons solaires est de 1.4 m^2 et la surface de captation est de 1.6 m^2, ce qui donne un coefficient de concentration C égal à 1.2 ($C = A_{app}/A_{abs}$)[74, 75]. La Figure 4.1 illustre le chauffe-eau solaire type capteur à stockage intégré.

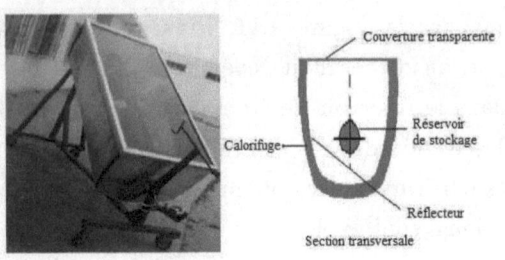

FIG. 4.1 – Chauffe-eau solaire existant à l'ENIG[74]

Protocole expérimental

Norme d'essai : Les essais de performances thermiques du chauffe-eau solaire ont été effectués selon la norme européenne EN 12976[76] qui spécifie les méthodes d'essai permettant de valider les exigences applicables aux installations de chauffage solaire thermique. Les essais des performances thermiques correspondants à cette norme s'appliquent aux installations à capteurs auto-stockeurs pour la préparation de l'eau chaude sanitaire[76].

Angle d'inclinaison : L'angle d'inclinaison est fixé à 36° qui correspond à l'angle d'inclinaison optimal en printemps (mois de mai).

Orientation du capteur à l'extérieur : Les performances thermiques du capteur seront jugées selon trois orientations différentes : Sud-est, Sud et Sud-ouest.

Instruments de mesure : Grâce à une station météorologique locale équipée d'une unité d'acquisition des données Testo 950, les mesures des différents paramètres climatiques (vitesse du vent, température ambiante et flux solaire) sont relevées sur un micro-ordinateur.

Grâce à des thermocouples type K, les températures de l'eau à l'entrée, au milieu et à la sortie du réservoir ainsi que la température ambiante sont

71

mesurées.

4.1.2 Expérimentation de la nouvelle configuration

Le modèle réalisé est testé dans un terrain de l'Ecole Nationale d'Ingénieurs de Gabès. L'expérience s'est déroulée durant le mois de novembre puis durant le mois de décembre 2010.

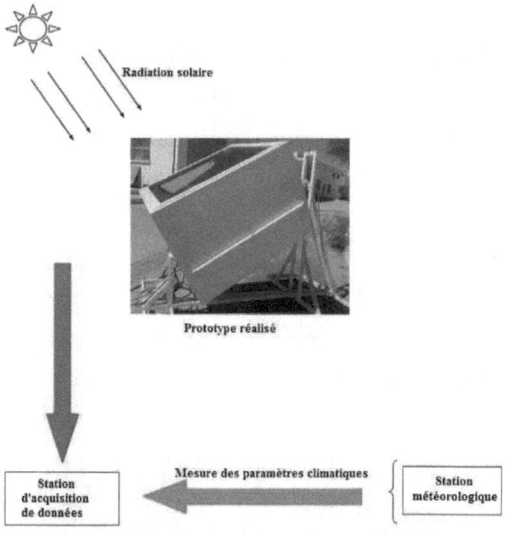

FIG. 4.2 – Dispositif expérimental

Etude expérimentale du système ICS

Mode opératoire : On a testé le système en mesurant la variation de la température d'eau dans le réservoir de stockage, la température ambiante, la radiation solaire et la vitesse du vent.

On désigne par :

– t : temps (h).

- Radiation solaire : G.
- Vitesse du vent : V_∞.
- Température ambiante : T_a.
- Température de l'eau à l'entrée du réservoir : T_e.
- Température de sortie en haut du réservoir : T_H.
- Température de sortie au milieu du réservoir : T_M.
- Température de sortie en bas du réservoir : T_B.

Mesure de la radiation solaire et de la vitesse du vent : On s'est servi de la même station météorologique locale utilisée dans l'expérimentation de l'ancienne configuration pour mesurer les différents paramètres climatiques à savoir la vitesse du vent, la température ambiante et le flux solaire.

Mesure de la température : Pour mesurer la température de l'eau dans le réservoir de stockage, des thermocouples de type K ont été utilisés. Ces thermocouples (T_1, T_2 et T_3) sont insérés et attachés dans le réservoir de stockage du bas en haut le long du diamètre de l'absorbeur comme donnés sur la Figure 4.3.

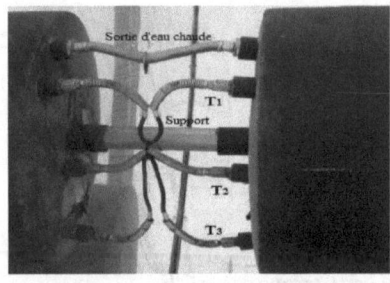

FIG. 4.3 – Photo de l'emplacement des thermocouples T1, T2 et T3

La Figure 4.4 illustre l'acquisition des données mesurées par les thermocouples T_1, T_2 et T_3.

73

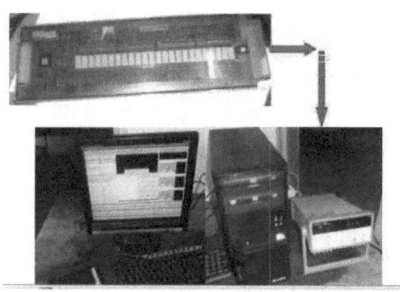

FIG. 4.4 – Station d'acquisition de données

Conditions de réalisation des essais expérimentaux :

Orientation du système ICS : Le système ICS réalisé est orienté vers le sud.

Inclinaison du système ICS : Le système ICS est incliné d'un angle de 33° qui correspond à la latitude du lieu[77].

Norme et période d'essai :
– L'étude expérimentale effectuée sur notre système a concerné la détermination expérimentale du rendement thermique et des pertes thermiques nocturnes selon la procédure proposée par Souliotis and Tripanagnostopoulos[46] et la méthode proposée par la norme européenne EN 12976[76]. Cette méthode exige le fonctionnement du système pendant 4 jours consécutifs au moins sans soutirage de l'eau chaude.

4.1.3 Détermination expérimentale du rendement thermique

Pour déterminer le rendement thermique des deux configurations, la période d'essai est choisie de 6 h du matin jusqu'au 18 h du soir du même jour. Les variables à calculer sont données comme suit :

- La température moyenne de l'eau dans le réservoir est donnée par l'Eq
4.1 :

$$T_m = \frac{T_H + T_M + T_B}{3} \qquad (4.1)$$

- La température moyenne initiale de l'eau dans le réservoir est donnée par
l'Eq 4.2 :

$$T_{i,m} = \frac{T_{i,H} + T_{i,M} + T_{i,B}}{3} \qquad (4.2)$$

- La température moyenne finale de l'eau dans le réservoir est donnée par
l'Eq 4.3 :

$$T_{f,m} = \frac{T_{f,H} + T_{f,M} + T_{f,B}}{3} \qquad (4.3)$$

- La quantité d'énergie produite par le système est donnée par l'Eq 4.4 :

$$Q_u = M_e C_{c,e}(T_{f,m} - T_{i,m}) \qquad (4.4)$$

- $M_e(\text{kg})$ est la masse d'eau dans le réservoir.
- $C_{c,e}(\text{Jkg}^{-1}\text{K}^{-1})$ est la capacité calorifique de l'eau.
- La radiation totale reçue par la surface apparente A_{app} du système durant
l'intervalle du temps $\Delta t(h)$ à partir du point initial t_i jusqu'au point final
t_f est donnée par le paramètre Q_R de l'Eq 4.5 :

$$Q_R = A_{app} \int_{t_i}^{t_f} G(t)dt \qquad (4.5)$$

- Le rendement thermique du système η est calculé en utilisant la formule
suivante donnée par l'Eq 4.6 :

$$\eta = \frac{Q_u}{Q_R} \qquad (4.6)$$

- Le rendement thermique η est lié au rapport $\frac{\Delta T_m}{G_m}$ selonl'Eq 4.7 :

$$\eta = A + B \left(\frac{\Delta T_m}{G_m} \right) \qquad (4.7)$$

- Le paramètre ΔT_m correspond à la différence de températures durant le jour donnée par l'Eq 4.8 :

$$\Delta T_m = \frac{(T_{i,m} + T_{f,m})}{2} - T_a \qquad (4.8)$$

- T_a est la température ambiante.
- G_m est la radiation solaire moyenne en surface apparente durant l'intervalle du temps $\Delta t(h)$ donnée par l'Eq 4.9.

$$G_m = \frac{\displaystyle\int_{t_i}^{t_f} G(t)dt}{\Delta t} \qquad (4.9)$$

- Le coefficient A représente le rendement optique du système.
- Le coefficient B représente le coefficient de pertes thermiques journalières du système du fait qu'il est déterminé durant le fonctionnement journalier de ce dernier.

Détermination expérimentale du coefficient des pertes thermiques durant la nuit

Pour déterminer le coefficient des pertes thermiques nocturnes des deux configurations, la période d'essai est choisie de 18 h jusqu'au 6 h du matin du jour suivant. Le comportement thermique du système durant la nuit permet de déterminer le coefficient des pertes thermiques surtout que ce coefficient n'est pas lié à la radiation solaire. Les variables à calculer sont données comme suit :

- Le coefficient des pertes thermiques est calculé par la relation suivante donnée par l'Eq 4.10[45, 46] :

76

$$U_s = \left(\frac{\rho_{c,e} C_{c,e} V_{ab}}{\Delta t}\right) Ln\left[\frac{(T_{i,m} - T_a)}{(T_{f,m} - T_a)}\right] \tag{4.10}$$

- $V_{ab}(l)$ est le volume d'eau stocké dans le réservoir.
- $\rho_{c,e} C_{c,e} = 4180\ KJm^{-3}K^{-3}$ ($\rho_{c,e}$ est la masse volumique de l'eau qui est égale à 1000 $kg\ m^{-3}$).
- T_a est la température ambiante en période nocturne.
- $T_{i,m}$ est la température initiale moyenne de l'eau dans le réservoir à partir de 18 h jusqu'au 6 h du matin du jour suivant.

Le coefficient des pertes thermiques U_s est déterminé durant le fonctionnement nocturne du système puisque le comportement thermique du système à partir de l'après midi jusqu'au matin du jour suivant n'est pas affecté par la radiation solaire.

Le coefficient des pertes thermiques U_s est calculé pour des températures initiales variables dans le réservoir de stockage et peut être fonction de ($T_{i,m}$-T_a)[45, 46].

La valeur de U_s peut être utilisée pour calculer le coefficient des pertes thermiques par surface apparente $U_{s,app}$ par le ratio $\frac{U_s}{A_{app}}$ et le coefficient des pertes thermiques par surface absorbante $U_{s,ab}$ par le ratio $\frac{U_s}{A_{ab}}$ en estimant l'effet de A_{app} et A_{ab} dans les performances thermiques du système.

4.2 Exploitation des résultats

4.2.1 Performances thermiques de l'ancienne configuration

Les essais de performances de l'ancien chauffe-eau solaire pour trois orientations différentes (Sud-est, Sud et Sud-ouest) et durant le mois de mai ont permis d'obtenir des courbes présentant la variation de certains paramètres qui traduisent l'efficacité du système.

Évolution de la température de l'eau dans le réservoir de stockage

Le suivi de l'évolution de la température de l'eau dans le réservoir est primordial pour pouvoir juger la satisfaction des besoins de l'utilisateur en eau chaude sanitaire.

Orientation Sud : Les mesures ont été faites le 03 mai 2008.

La Figure 4.5 montre que le flux solaire atteint une valeur maximale d'environ 723 W/m² vers 13 h alors que la valeur maximale de la température moyenne de l'eau avoisine 57 °C vers 16 h. Ce décalage est dû d'une part à l'orientation du capteur qui ne se trouve directement face au soleil qu'à partir de 11 h et d'autre part à l'accumulation de la chaleur dans le réservoir. Vers 18 h, la température moyenne de l'eau est de 56 °C pour un flux solaire 236 W/m².

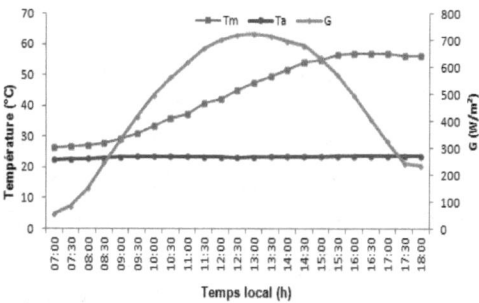

FIG. 4.5 – Variation de la température moyenne de sortie et de l'intensité du flux solaire pour l'orientation sud du 03 mai 2008

Orientation Sud-ouest : Les mesures ont été faites le 05 mai 2008.

On remarque d'après la Figure 4.6 quelques faibles fluctuations au niveau de l'évolution du flux solaire qui sont dues à un passage nuageux. La température moyenne maximale de l'eau est de l'ordre de 54°C vers 18 h pour un flux de

268 W/m^2 tandis que le maximum du flux solaire incident (755 W/m^2) est atteint à 13 h. Ceci est expliqué par le fait que les rayonnements solaires ne parviennent directement sur la surface du capteur qu'à partir de 13 h ainsi que le phénomène d'accumulation de la chaleur qui s'intensifie par l'augmentation de la durée de décalage entre les pics.

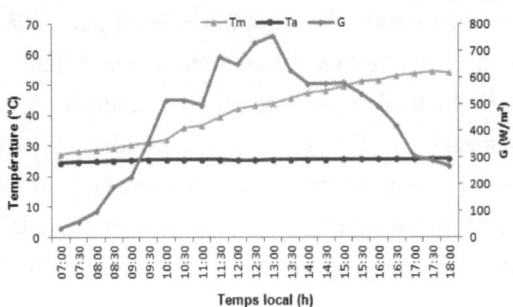

FIG. 4.6 – Variation de la température moyenne de sortie et de l'intensité du flux solaire pour l'orientation sud-ouest du 05 mai 2008

Orientation Sud-est : Les mesures ont été faites le 16 mai 2008.

L'influence du flux solaire sur le profil de la température de l'eau au niveau du réservoir est illustrée sur la Figure 4.7. En effet, au début de la journée, l'augmentation progressive du flux solaire jusqu'à un maximum de 841 W/m² vers 13 h entraine une augmentation de la température moyenne de l'eau dans le réservoir qui atteint le seuil de 60 °C vers 14 h 30. L'allure décroissant du flux solaire depuis 13 h est accompagnée immédiatement d'une diminution de la température de l'eau qui avoisine 50 °C vers 18 h pour un flux solaire de 200 W/m². On remarque que le pic au maximum de la température de l'eau est plus large que celui du flux solaire vu l'accumulation de la chaleur au niveau du réservoir. En outre, la diminution de la température de l'air environnant à partir de 14 h 30 renforce les pertes thermiques convectives de l'eau stockée.

79

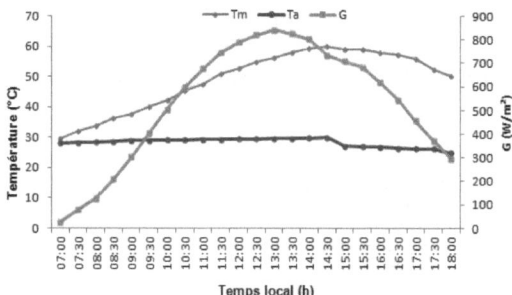

FIG. 4.7 – Variation de la température moyenne de sortie et de l'intensité du flux solaire pour l'orientation sud-est du 16 mai 2008

Comparaison des trois orientations : L'analyse des courbes obtenues pour les trois orientations montre que l'orientation Sud-est est la plus convenable pour utiliser l'eau chaude sanitaire au début de la journée tandis que l'orientation Sud convient lorsque l'utilisateur a besoin de l'eau chaude entre l'après midi et le soir alors que l'orientation Sud-ouest permet d'obtenir de l'eau chaude à la fin de la journée et au début de la nuit.

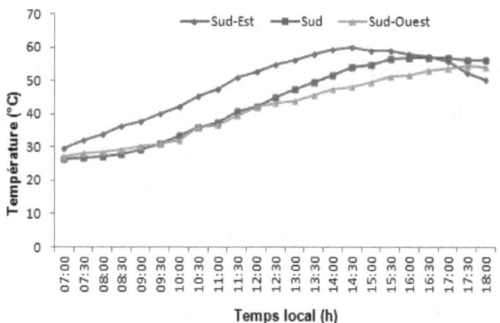

FIG. 4.8 – Variation de la température moyenne de sortie pour les trois orientations : sud-est, sud et sud-ouest

80

Evolution du rendement thermique

Le suivi de l'évolution du rendement thermique en fonction du gain normalisé $\left(\frac{\Delta T_m}{G_m}\right)$ a été fait.

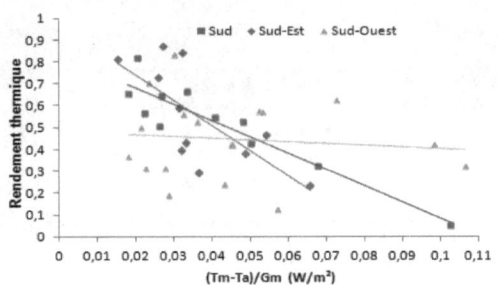

FIG. 4.9 – Evolution du rendement thermique journalier en fonction du gain normalisé pour les trois orientations : sud-est, sud et sud-ouest

On remarque dans l'orientation sud que pour des faibles valeurs de flux, au début de la journée, et de faible gain normalisé, le rendement thermique atteint des valeurs maximales (environ 80 %) puis il diminue pour atteindre 20 % pour un gain normalisé d'environ 0.065. Ceci peut être expliqué par le fait que plus la différence entre la température moyenne de l'eau dans le réservoir et la température ambiante moyenne est faible plus les pertes thermiques convectives sont faibles et donc plus le rendement thermique est élevé.

Pour l'orientation sud, on remarque d'après la Figure 4.9 que la pente de la droite obtenue est plus petite que celle trouvée dans l'orientation Sud-est. Ceci est expliqué par le fait que la captation des rayonnements solaires ne se fait de manière directe qu'à partir de 11 h et par la suite l'augmentation de la différence de température moyenne de l'eau et la température ambiante s'attarde ce qui fait ralentir la décroissance du rendement thermique.

Pour l'orientation sud-ouest, la Figure 4.9 montre que la valeur maximale du rendement thermique au début de la journée est d'environ 60 % puis elle diminue pour atteindre 40 % pour un gain normalisé d'environ 0.1. Remarquons que la décroissance du rendement thermique est plus lente que celles observées dans les orientations Sud et Sud-est. Puisque le capteur n'est exposé directement aux rayonnements solaires qu'à partir de 13 h, l'accumulation de la chaleur au début de la journée est moins forte que celle dans l'après midi.

Pertes thermiques nocturnes

Le suivi de l'évolution du coefficient des déperditions thermiques par surface apparente s'est fait pendant la nuit du 26 mai 2008.

La Figure 4.10 montre que le coefficient des pertes thermiques nocturnes par unité de surface de captation $U_{s,app}$ croit en fonction de la différence de températures (T_m-T_a). En effet, pour un écart des températures moyenne de l'eau et du milieu ambiant de 24 °C, $U_{s,app}$ est maximal et vaut environ 9.33 W $K^{-1}m^{-2}$. Tandis que, pour une faible valeur de (T_m-T_a), $U_{s,app}$ est au voisinage de 8 W $K^{-1}m^{-2}$.

Les pertes thermiques s'intensifient donc avec l'augmentation de la différence des températures puisque les flux convectifs de chaleur issus du réservoir prennent lieu dès que ce dernier se trouve à une température supérieure à celle de l'air environnant.

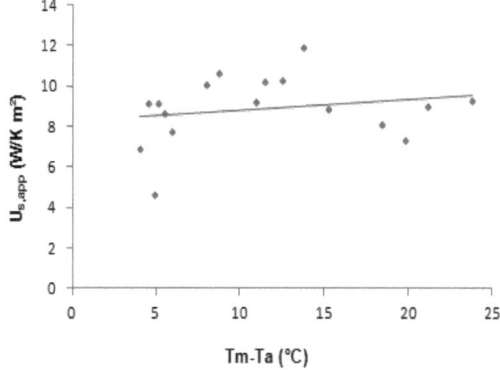

FIG. 4.10 – Evolution du coefficient des pertes thermiques nocturnes

82

4.2.2 Résultats théoriques de la nouvelle configuration

Résultats théoriques du rendement thermique

Les performances du système ICS sont modélisées au moyen d'un programme de simulation écrit sous le langage de programmation Matlab. Ce programme calcule le flux solaire reçu par la surface apparente du collecteur qui est lié à la température ambiante, la latitude du lieu, les paramètres géométriques caractérisant le système, le volume d'eau dans le réservoir de stockage, la demande totale de l'énergie utile...

Les performances thermiques théoriques obtenues sont comparées avec deux autres systèmes de chauffe-eau solaires qui consistent en un réservoir de stockage cylindrique placé horizontalement dans un CPC symétrique et asymétrique[45] donnés sur la Figure 4.11.

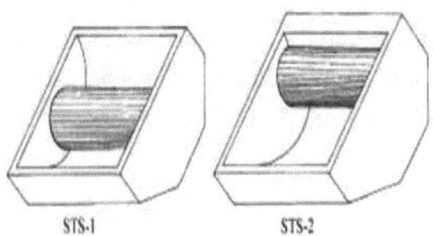

STS-1   STS-2

FIG. 4.11 – Systèmes STS-1 et STS-2[45]

Les résultats numériques de la simulation sont calculés en utilisant les paramètres données dans les Tableaux 4.1 et 4.2.

A_{app} correspond à la surface apparente de chaque système. Celle-ci diffère par 33% entre les modèles utilisés par Tripanagnostopoulos et al.[45] et notre système ICS.

D_{ab} correspondant à la longeur de l'absorbeur est la même pour les trois modèles. La différence entre A_{ab} des systèmes STS et notre système ICS est expliquée par l'isolation thermique de l'un quart de leurs cylindres de stockage.

Les modèles STS-1 et STS-2 ont la même surface apparente A_{app} et aussi la même surface absorbante, et donc le même coefficient de concentration $C=1.12$[45].

A_{app} qui représente le produit entre la longueur et la largeur apparentes du système diffère de 37%.

La profondeur D_s du système ICS est supérieur à celle des systèmes STS-1 et STS-2. En effet, le système ICS est conçu sans trancation pour des raisons thermiques du fait que le réservoir de stockage est placé horizontalement à une profondeur importante minimisant les pertes thermiques par convection et par rayonnement vers le milieu extérieur. Les systèmes STS-1 et STS-2 sont réalisés avec troncation afin de compacter au maximum les structures conçues.

Dans le modèle de calcul numérique, on a considéré un seul type de couverture transparente et deux types de matériaux ayant deux réflectivités différentes pour les surfaces réflectrices. On a utilisé une couverture transparente présentant une transmissivité élevée, $\tau=0.93$ (verre clair) pour les trois modèles testés.

La surface réflectrice du système STS-1 est fabriquée par un matériau présentant une réflectivité faible, $\rho_r=0.68$ (innox) et celles des systèmes ICS et STS-2 sont formées par un matériau ayant une réflectivité élevée, $\rho_r=0.85$ (aluminium). La surface extérieure des réservoirs cylindriques utilisés sont peintes en noir (l'absorptivité est $\alpha_r=0.92$).

Le Tableau 4.1 donne les paramètres géométriques des systèmes ICS, STS-1 et STS-2.

TAB. 4.1 – Paramètres géométriques des systèmes ICS, STS-1 et STS-2

Système	D_{ab} (m)	V_{ab} (l)	W_{app} (m)	A_{app} (m²)	A_{ab} (m²)	C	D_s (m)
ICS	0.36	100	1.18	1.5	1.33	1.34	1.084
STS-1	0.36	102.8	0.95	0.94	0.84	1.12	0.5
STS-2	0.36	102.8	0.95	0.94	0.84	1.12	0.5

Le Tableau 4.2 donne les propriétés optiques des systèmes ICS, STS-1 et STS-2.

TAB. 4.2 – Propriétés optiques des systèmes ICS, STS-1 et STS-2

		ICS	STS-1	STS-2
Couverture transparente	Absorptivité	0.055	0.055	0.055
	Réflectivité	0.015	0.015	0.015
	Transmissivité	0.93	0.93	0.93
Réflecteur	Absorptivité	0.15	0.23	0.15
	Réflectivité	0.85	0.68	0.85
	Transmissivité	0	0	0
Absorbeur	Absorptivité	0.92	0.92	0.92
	Réflectivité	0.08	0.08	0.08
	Transmissivité	0	0	0

Les rendements thermiques de chaque système (respectivement STS-1 et STS-2) sont calculés en utilisant les formules suivantes élaborées par Tripanagnostopoulos et al.[45] :

$$\eta_{STS-1} = 0.57 - 4.73(\frac{\Delta T_m}{I_T}) \qquad (4.11)$$

$$\eta_{STS-2} = 0.69 - 5.84(\frac{\Delta T}{I_T}) \qquad (4.12)$$

Avec :

ΔT_m est la différence entre la température moyenne de l'eau du réservoir T_m et la température ambiante T_a qui dépend de la radiation solaire.

I_T est le flux solaire effectif reçu par la surface apparente du collecteur thermique.

La Figure 4.12 présente les résultats théoriques du rendement thermique η correspondant à chaque système ICS (Eq. 3.51), STS-1 (Eq 4.11) et STS-2 (Eq 4.12)) en fonction du gain normalisé ($\frac{T_m - T_a}{I_T}$).

D'après la Figure 4.12, on peut voir que :

– pour (($\frac{T_m - T_a}{I_T}$)<0.042), le modèle STS-2 présente un rendement thermique légèrement meilleur que les modèle ICS et STS-1.

- pour $((\frac{Tm-Ta}{I_T})=0.051)$, les systèmes ICS et STS-2 présentent le même rendement thermique qui est supérieur à celui du système STS-1.
- pour $((\frac{Tm-Ta}{I_T})>0.064)$, le modèle ICS présente le rendement thermique le plus élevé.

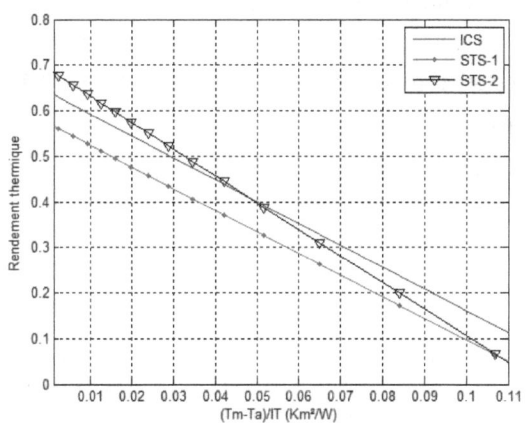

FIG. 4.12 – Rendements thermiques journaliers des trois systèmes ICS, STS-1 et STS-2

Quand le gain normalisé $(\frac{Tm-Ta}{I_T})$ augmente, le rendement thermique de notre système ICS devient le meilleur. C'est à dire pour le mauvais ensoleillement notre prototype est plus performant.

Résultats théoriques des pertes thermiques nocturnes

Les pertes thermiques nocturnes de chaque système (respectivement STS-1 et STS-2) sont calculées en utilisant les équations suivantes données par Tripanagnostopoulos et al.[45] :

$$U_s = 4.49 + 0.03\Delta T_N \tag{4.13}$$

86

$$U_s = 4.88 + 0.025 \Delta T_N \tag{4.14}$$

Avec :

ΔT_N est la différence entre la température moyenne de l'eau dans le reservoir de stockage T_m et la température ambiante durant la nuit T_a.

Sur la Figure 4.13, les coefficients des pertes thermiques U_s, déterminés durant la nuit, des systèmes ICS (Eq 3.44), STS-1 (Eq 4.13) et STS-2 (Eq 4.14) sont présentés.

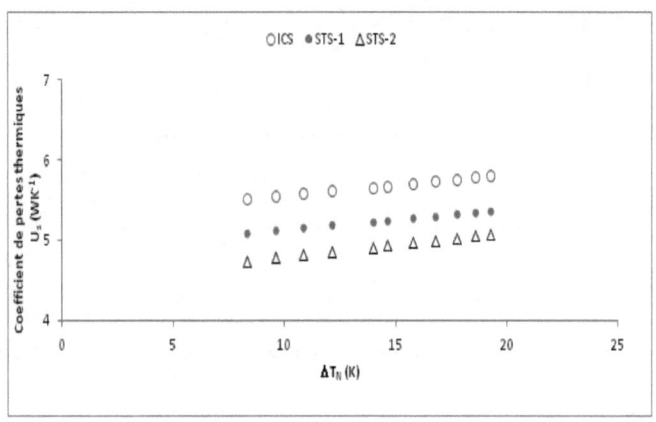

FIG. 4.13 – Coefficients des pertes thermiques des trois systèmes ICS, STS-1 et STS-2

Les résultats théoriques montrent que le coefficient des pertes thermiques augmente avec l'augmentation de ΔT_N. En effet :

- quand ($\Delta T_N = 8.35$ K), U_s vaut 5.5 W K^{-1} pour le système ICS, 5.08 WK^{-1} pour STS-1 et 4.74 WK^{-1} pour STS-2.
- quand ($\Delta T_N = 19.25$ K), le système ICS présente le coefficient des pertes thermiques le plus élevé ($U_s = 5.79$ W K^{-1}). Néanmoins, il atteint la valeur 5.36 WK pour le système STS-1 et 5.06 W K^{-1} pour le système STS-2.

87

En comparant les valeurs des coefficients des pertes thermiques U_s obtenues pour les trois systèmes, STS-2 présente les plus faibles valeurs du coefficient U_s. Les pertes thermiques croient quand la différence de températures augmente. On peut dire que la température ambiante durant la nuit, les caractéristiques géométriques du système et les propriétés optiques ont un effet considérable sur les pertes thermiques nocturnes.

La Figure 4.14 illustre la variation du coefficient des pertes thermiques par surface apparente $U_{s,app}$ en fonction de ΔT_N.

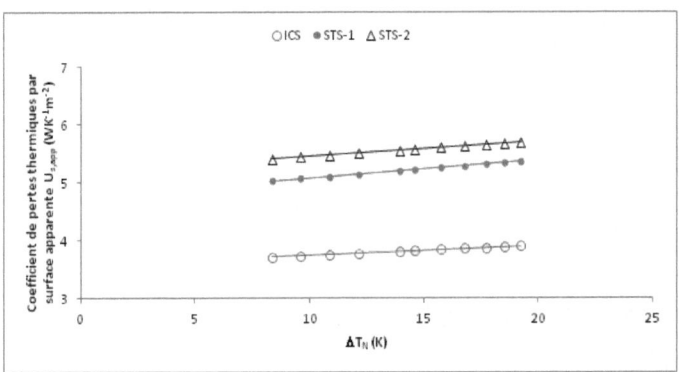

FIG. 4.14 – Coefficients des pertes thermiques par surface apparente des trois systèmes ICS, STS-1 et STS-2

D'après cette figure, on remarque que dans les systèmes STS-1 et STS-2, les valeurs de $U_{s,app}$ sont plus élevées que celles du modèle ICS. En effet, ces deux premiers systèmes ont une même surface apparente qui est inférieure à 1 m^2. Dans le système ICS, les valeurs de $U_{s,app}$ sont inférieures à celles de U_s parce que sa surface apparente est supérieure 1 m^2, de plus il possède la plus grande profondeur D_s.

On peut remarquer que le système ICS présente plus de pertes thermiques mais cela est compensé par une concentration plus élevée.

D'après la Figure 4.15, on remarque que le système ICS présente le plus faible coefficient des pertes thermiques par surface absorbante $U_{s,ab}$ à cause de la surface de son absorbeur $(A_{ab} = 1.33 \ m^2)$ qui est supérieure à 1 m^2. Ceci montre que malgré la surface de notre absorbeur, qui est plus grande que celles de deux autres systèmes, le coefficient $U_{s,ab}$ reste inférieur et par conséquent l'avantage de ce prototype.

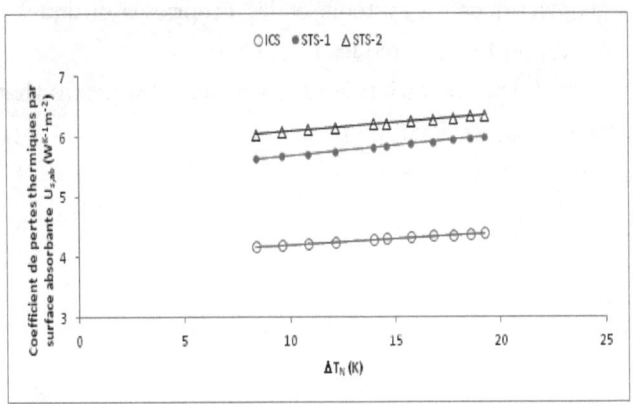

FIG. 4.15 – Coefficients des pertes thermiques par surface absorbante des trois systèmes ICS, STS-1 et STS-2

Les Tableaux 4.3 et 4.4 donnent les rendements thermiques η, les coefficients des pertes thermiques nocturnes U_s, les coefficients des pertes thermiques par surface apparente $U_{s,app}$ et les coefficients des pertes thermiques par surface absorbante $U_{s,ab}$ des systèmes ICS, STS-1 et STS-2.

TAB. 4.3 – Rendements thermiques des systèmes ICS, STS-1 et STS-2

Système	Rendement thermique η
ICS	$\eta = 0.64 - 4.8\frac{\Delta T_m}{I_T}$
STS-1	$\eta = 0.57 - 4.73\frac{\Delta T_m}{I_T}$
STS-2	$\eta = 0.69 - 5.84\frac{\Delta T_m}{I_T}$

TAB. 4.4 – Coefficients de pertes thermiques nocturnes Us , coefficients de pertes thermiques par surface apparente Us,app et coefficients des perte thermiques par surface absorbante Us,ab des systèmes ICS, STS-1 et STS-2

Système	$U_s(\mathbf{WK^{-1}})$	$U_{s,app}(\mathbf{WK^{-1}}m^{-2})$	$U_{s,ab}$ $(\mathbf{WK^{-1}}m^{-2})$
ICS	$U_s=5.34+0.027\Delta T_N$	$U_{s,app}=3.56+0.018\Delta T_N$	$U_{s,ab} = 4.01$ $+0.02\Delta T_N$
STS-1	$U_s=4.49+0.03\Delta T_N$	$U_{s,app}=4.77+0.031\Delta T_N$	$U_{s,ab} = 5.34$ $+0.03\Delta T_N$
STS-2	$U_s=4.88+0.025\Delta T_N$	$U_{s,app}=5.19+0.026\Delta T_N$	$U_{s,ab} = 5.8$ $+0.029\Delta T_N$

4.2.3 Résultats expérimentaux de la nouvelle configuration

Pendant quatre jours consécutifs de mesures sur le système ICS, sans soutirage d'eau (Norme européenne EN 12976[76]), on a suivi l'évolution de la température moyenne dans le réservoir de stockage et le flux solaire incident. Le rendement thermique et le coefficient des pertes thermiques nocturnes ont été évalués.

Variation du profil de la température moyenne de sortie

Le suivi de l'évolution de la température de l'eau dans le réservoir de stockage est primordial afin de pouvoir juger la satisfaction des besoins de l'utilisateur en eau chaude sanitaire. Pour cela, le système ICS est testé du 14/11/2010 au 17/11/2010.

D'après la Figure 4.16, on remarque que la variation du flux solaire a un effet direct sur le profil de la température moyenne de l'eau dans le réservoir de stochage. En effet, au début de la journée, l'augmentation progressive du flux solaire jusqu'à un maximum d'environ 960 W/m^2 vers 12 h entraine une augmentation de la température moyenne de l'eau dans le réservoir qui atteint le seuil de 63 °C vers 15 h 30 au premier jour, $65°C$ au deuxième jour et

$57\ ^{\circ}C$ au quatrième jour. L'allure décroissant du flux solaire depuis 12 h est accompagné immédiatement d'une diminution de la température qui avoisine $54\ ^{\circ}C$ vers 17 h pour un flux solaire très faible de l'ordre de $10\ W/m^2$ durant les deux premiers jours ainsi que le quatrième jour. Au troisième jour, on remarque quelques fluctuations au niveau de l'évolution du flux solaire direct qui sont dues à une variation climatique (passage nuageux), par conséquent la température moyenne d'eau maximale dans le réservoir de stockage a chuté vers $36\ ^{\circ}C$ pour un flux solaire de l'ordre de $720\ W/m^2$.

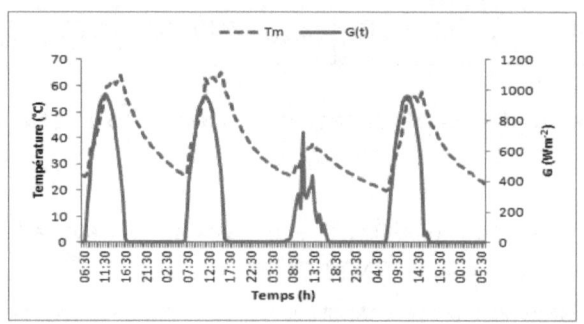

Fig. 4.16 – Variation de la température moyenne de sortie durant 4 jours en novembre

La Figure 4.16 montre un décalage d'environ trois heures et demi entre les pics des profiles du flux solaire et de la température moyenne de l'eau dans le réservoir. Ce décalage est dû d'une part à l'orientation du capteur (orientation sud) qui ne se trouve directement face au soleil qu'à partir de 11 h et d'autre part à l'accumulation de la chaleur dans le réservoir.

Cependant, on remarque que le pic au maximum de la température est plus large que celui du flux solaire vu l'accumulation de chaleur au niveau du réservoir.

Le système ICS est aussi testé pour une deuxième période du 24/12/2010 au 27/12/2010 pour tester son fonctionnement.

La Figure 4.17 montre que pour un flux solaire maximal variant entre 834

W/m^2 et 950 W/m^2 enregistré entre 11 h 30 et 12 h 30 pour ces 4 jours de test, la température moyenne de l'eau dans le réservoir de stockage atteint son pic entre 13 h et 14 h. Sa valeur maximale varie entre 51 $°C$ et 53 $°C$.

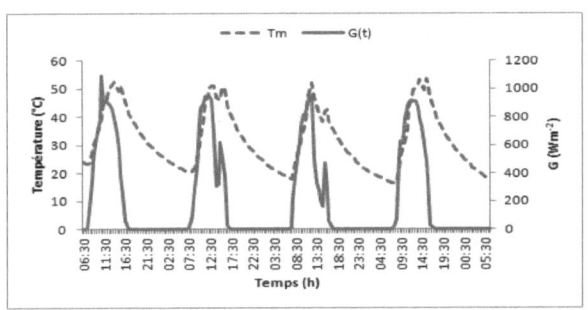

FIG. 4.17 – Variation de la température moyenne de sortie durant 4 jours en décembre

Quoique les Figures 4.16 et 4.17 montrent la variation de la température moyenne de l'eau dans le réservoir de stockage du système testé, il serait intéressant d'avoir plus de détails sur les profils des températures données par les trois thermocouples placés dans la sortie du réservoir de stockage (Haut, Milieu et Bas).

Sur les Figures 4.18 et 4.19, les variations des profils de températures T_H, T_M et T_B sont illustrées pendant 24 h de fonctionnement du système sans soutirage en plus de la variation de l'intensité du flux solaire.

Ces deux dernières Figures montrent qu'il y'a une augmentation significative de la température de l'eau de la partie supérieure du réservoir (T_H) de stockage. Le niveau maximal de 87°C pour un flux solaire de 960 W/m^2 est atteint à 12 h (les deux pics de température et du flux solaire coincident). T_B et T_M atteignent 57 $°C$ et 64 $°C$ ensemble à 15 h 30 pour un flux de 465 W/m^2. Donc, le niveau maximal de la température T_H est atteint lorsque le flux solaire est maximal.

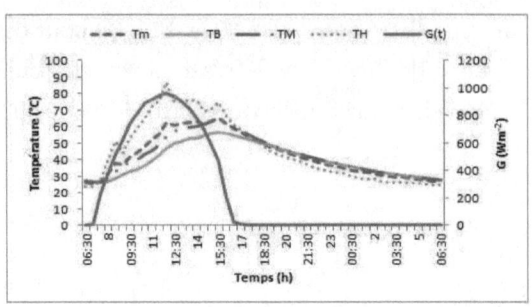

FIG. 4.18 – Variation des températures durant le jour du 15/11/2011

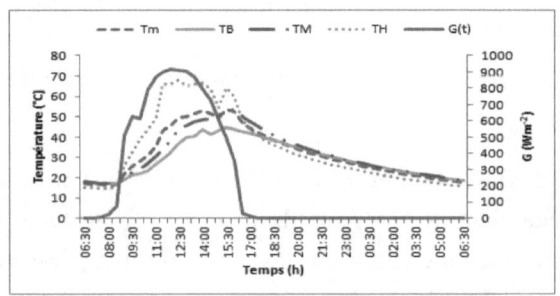

FIG. 4.19 – Variation des températures durant le jour du 27/12/2011

Les Tableaux 4.5 et 4.6 mèttent l'accent sur la performance du système ICS concernant l'augmentation progressive de la température de l'eau enregistrée par chacun des trois thermocouples. En effet, les pics des températures T_H, T_M, T_B et T_m ne sont pas atteints au même instant et c'est important pour l'utilisation pratique du système étudié, étant donné qu'une quantité d'eau peut être chauffée au-dessus 40°C, pour être utilisée dans la matinée, bien que la plupart de la quantité stockée est à un niveau de température inférieure à 40 °C.

Tab. 4.5 – Performance du système ICS à travers l'augmentation progressive de la température de l'eau en novembre

Température	Intervalle du temps	Durée
$T_H \succeq 40$	$[08h30,20h30]$	12h
$T_m \succeq 40$	$[09h30,21h30]$	12h
$T_M \succeq 40$	$[10h00,22h00]$	12h
$T_B \succeq 40$	$[11h30,22h30]$	11h

Tab. 4.6 – Performance du système ICS à travers l'augmentation progressive de la température de l'eau en décembre

Température	Intervalle du temps	Durée
$T_H \succeq 40$	$[10h00,17h30]$	7h30
$T_m \succeq 40$	$[11h30,18h00]$	6h30
$T_M \succeq 40$	$[12h30,18h30]$	6h30
$T_B \succeq 40$	$[13h00,17h30]$	4h30

La différence de températures entre T_H et T_B est plus importante durant le fonctionnement journalier du système. Celle-ci est liée à la conception du système ICS permettant la collecte du maximum de la radiation solaire. Enfin, des pertes thermiques par convection affectent l'eau dans le réservoir de stockage après le coucher du soleil résultant dans la dimunition du niveau des températures atteintes durant le fonctionnement journalier du système.

Rendement thermique

Le rendement thermique expérimental du système ICS est illustré sur la Figure 4.20. Cette figure montre un bon accord entre les données théoriques et expérimentales puisque l'écart relatif est inférieur à 14%. En effet, la validation du modèle théorique passe par une confrontation des résultats numériques aux résultats expérimentaux.

Pour cette comparaison, nous avons choisi, le jour du 15/11/2011 pour déterminer le rendement thermique.

On remarque que pour des faibles valeurs du flux solaire, au début de la journée, et de faible taux $\frac{Tm-Ta}{I_T}$, le rendement atteint des valeurs maximales

94

(environ 60 %) puis il diminue pour atteindre 20 % pour un taux d'environ 0.1. Ceci peut être expliqué par le fait que plus la différence entre la température moyenne de l'eau dans le réservoir de stockage et la température ambiante est faible plus les pertes thermiques convectives sont faibles et donc plus le rendement est élevé.

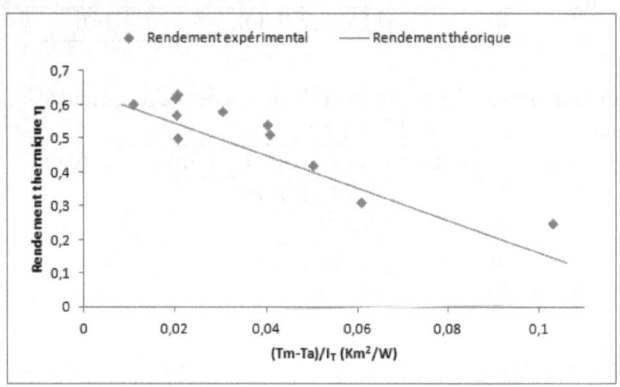

FIG. 4.20 – Variation du rendement thermique expérimental

Coefficient des pertes thermiques nocturnes par surface apparente

Le suivi de l'évolution du coefficient des pertes thermiques s'est fait pendant la nuit du jour correspondant au 15/11/2011.

Sur la Figure 4.21, on présente les résultats expérimentaux obtenus pour le coefficient des pertes thermiques par surface apparente $U_{s,app}$. Celle-ci montre que $U_{s,app}$ croit en fonction de la différence de température $(T_m - T_a)$. En effet, pour un écart de températures moyenne de l'eau et du milieu ambiant de $27°C$, $U_{s,app}$ expérimental est maximal et vaut environ $4.5\ WK^{-1}m^{-2}$. Tandis que, pour une faible valeur de $(T_m - T_a)$ (environ $6°C$), $U_{s,app}$ expérimental est au voisinage de $3.7\ WK^{-1}m^{-2}$.

Les pertes thermiques s'intensifient donc avec l'augmentation de la différence de température puisque les flux convectifs de chaleur issus du réservoir prennent lieu dès que ce dernier se trouve à une température supérieure à celle de l'air environnant.

La comparaison des résultats théoriques et expérimentaux montre une bonne concordance validant le modèle développé. En effet, l'écart relatif est inférieur à 10%.

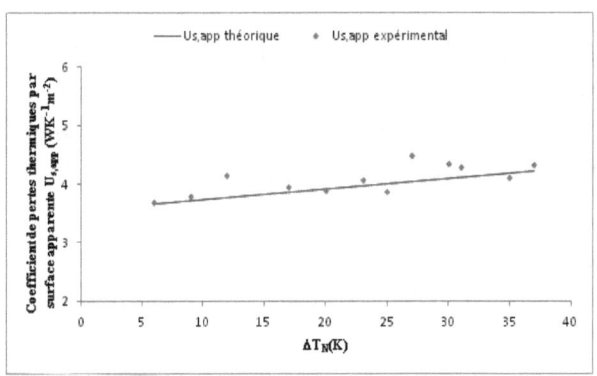

FIG. 4.21 – Coefficient des pertes thermiques nocturnes expérimental par surface apparente

4.2.4 Comparaison des résultats et exploitation

Comparaison des résultats des deux configurations

Les résultats expérimentaux obtenus sur les deux prototypes sont exploités sous forme de graphes.

Les caractéristiques géométriques de la nouvelle configuration sont comparées avec celles de l'ancienne configuration. La Figure 4.22 et l'Annexe C illustrent une photo des deux prototypes.

En premier lieu, il s'agit des deux chauffe-eau solaires à stockage intégré sans échangeur de chaleur. Leurs réflecteurs sont constitués de trois branches paraboliques ayant des dimensions géométriques différentes. En second lieu, la nouvelle configuration présente un réservoir de stockage cylindrique de volume égal à 100 litres alors qu'il est de 95 litres dans l'ancienne configuration mais elles permettent de couvrir le besoin en eau sanitaire d'une famille composée de quatre parsonnes. De plus, le coefficient de concentration C, qui est égal au rapport entre la surface de captation de rayons solaires et la surface d'absorption de ces rayons $C = \frac{A_{app}}{A_{ab}}$, est plus élevé dans la nouvelle configuration. En effet il vaut 1.3 au lieu de 1.2 dans l'ancienne. Ceci est lié aux dimensions géométriques choisies pour le réservoir de stockage (le diamètre de l'absorbeur $D_{ab} = 0.36\ m$ et la longueur $L_{ab} = 0.99\ m$, ce qui donne une surface de absorbante $A_{ab} = 1.12$ m^2) et pour le réflecteur (la largeur apparente $W_{app} = 1.18\ m$ et la longueur apparente $L_{app} = 1.27\ m$, ce qui donne une surface apparente $A_{app} = 1.5\ m^2$) au lieu de $A_{ab} = 1.4\ m^2$ et $A_{app} = 1.6\ m^2$ dans l'ancienne configuration. Par conséquent, le nouveau système est moins encombrant que l'ancien.

FIG. 4.22 – Photo de l'ancienne et la nouvelle configurations

Les performances thermiques de la nouvelle configuration sont comparées à celles de l'ancienne configuration.

Rendement thermique : On remarque d'après la Figure 4.23 que le rendement thermique de l'ancienne configuration décroit plus rapidement que celui de la nouvelle configuration. Ceci est expliqué par les améliorations géométriques faites sur le système ICS qui ont contribué à la diminution des pertes thermiques.

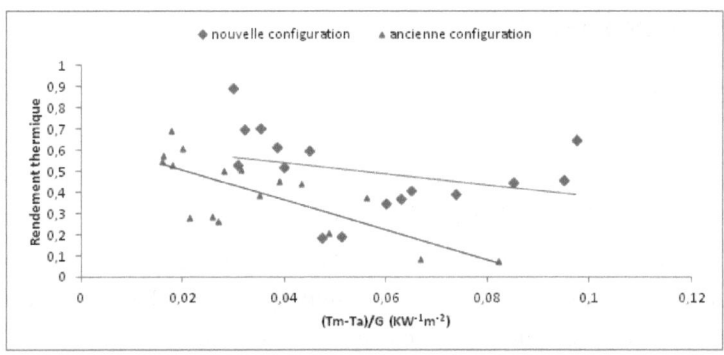

FIG. 4.23 – Rendement thermique

Coefficient des pertes thermiques nocturnes : La Figure 4.24 illustre les variations des coefficients des pertes thermiques U_s dans l'ancienne et la nouvelle configurations en fonction de $(T_m\text{-}T_a)$. D'après cette figure, on remarque que les valeurs du coefficient des pertes thermiques nocturnes U_s de l'ancienne configuration sont plus grandes que celles de la nouvelle configuration. Ceci est expliqué par les améliorations géométriques faites sur le système ICS qui permettent de compacter l'ancienne configuration.

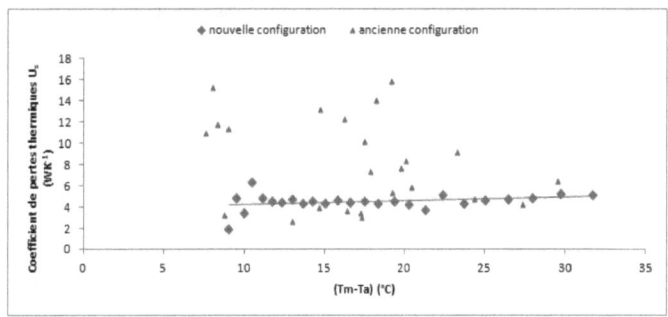

FIG. 4.24 – Coefficient des pertes thermiques

98

4.3 Conclusion

Après la conception, le redimensionnement et la réalisation d'un nouveau chauffe-eau solaire à stockage intégré, une étude expérimentale est faite sur celui-ci afin de comparer les performances théoriques et expérimentales avec d'autres configurations STS-1 et STS-2 et celles obtenues avec le premier prototype. D'après les résultats obtenus sur ce dispositif, on remarque que :

- quand le gain normalisé $\left(\frac{Tm-Ta}{I_T}\right)$ augmente, le rendement thermique du système ICS devient le meilleur quand on le compare avec les systèmes STS-1 et STS-2. C'est à dire pour le mauvais ensoleillement notre prototype est plus performant.

- le système ICS présente le plus faible $U_{s,ab}$. Ceci montre que malgré la surface de notre absorbeur, le coefficient $U_{s,ab}$ reste inférieur à ceux des systèmes STS-1 et STS-2 d'où l'avantage de ce prototype.

- le système ICS présente plus de pertes thermiques mais cela est compensé par une concentration plus élevée que celles des systèmes STS-1 et STS-2.

- les niveaux de la température moyenne de l'eau dans le réservoir de stockage sont supérieurs à ceux obtenus dans l'ancienne configuration.

- le rendement et le coefficient des pertes thermiques sont nettement améliorés dans la nouvelle réalisation suite aux améliorations apportées sur la géométrie de ce prototype.

Chapitre 5

Conclusion générale

Les énergies renouvelables nous offrent de multiples façons de produire de l'énergie. Un choix centralisateur nous amène souvent à privilégier plusieurs sources énergétiques, sans véritablement analyser le bien-fondé de cette attitude. Dans cette thèse, nous avons utilisé l'énergie la plus appropriée à l'usage (le solaire). Cette source énergétique représente l'avantage d'être :

– gratuite.

– propre sans impact sur l'environnement.

Les études montrent qu'il est possible d'exploiter l'énergie solaire dans plusieurs applications notamment dans l'habitat, le chauffage de l'eau et le séchage solaire. C'est pourquoi elles se sont plutôt focalisées sur quelques dispositifs solaires.

En ce qui concerne les systèmes thermiques, des modèles simplifiés de chauffe-eau solaires à capteur plan ont été largement réalisés. On peut dire que le chauffe-eau solaire valorise en toute sécurité une énergie naturelle, propre, inépuisable et évite le rejet dans l'atmosphère de l'oxyde de carbone. En effet l'eau est produite à bonne température (de l'ordre de 45 à 60°), les économies représentent 50 à 70% des dépenses d'énergies nécessaires à la production de l'eau chaude et le coût du chauffe-eau est très abordable.

Dans le présent travail, un système de chauffe-eau solaire à stockage intégré sans appoint avec un concentrateur parabolique composé de trois branches paraboliques a été étudié. On a présenté dans une première phase une diversité des travaux de recherche s'intéressant à ce domaine en favorisant l'augmentation de la température de sortie du réservoir en dépit des déperditions thermiques nocturnes ou le cas contraire c'est-à-dire en minimisant les pertes thermiques en dépit de la captation de rayonnements solaires et c'est en calorifugeant des parties du réservoir de stockage. Par la suite, un nouveau système a été dimensionné en partant d'un objectif fixe qui est la satisfaction en eau chaude sanitaire durant les périodes les moins ensoleillées ainsi que pendant la nuit. Pour ce faire, une ancienne configuration réalisée à l'unité de recherche : Environnement, Catalyse et Analyse des procédés de l'Ecole Nationale d'Ingénieurs de Gabès est prise comme modèle de départ nécessitant des développements au niveau de la forme géométrique afin de le compacter d'une part et minimiser ses pertes thermiques nocturnes d'autre part suite aux essais de performances qui ont été réalisés sur celui-ci.

Une fois dimensionné, le nouveau système ICS est modélisé puis simulé selon un programme de simulation écrit sous Matlab afin de déterminer ses performances thermiques théoriques.

Dans une deuxième phase et étant réalisé, le système est testé sous des conditions d'essais bien définies par la norme européenne EN 12976[76] afin de déterminer son rendement thermique et ses pertes thermiques nocturnes.

Les résultats expérimentaux et théoriques ont été confrontés pour affiner et valider ceux prédits par la simulation numérique. Les comparaisons faites avec d'autres modèles observés et mesurés se sont avérées souvent très satisfaisantes, tant au niveau du rendement thermique qu'au niveau de la réduction des pertes thermiques nocturnes.

5.1 Résultats

Le nouveau système conçu et réalisé permet :
- d'offrir 100 l/j de l'eau chaude environ pour une gamme de température allant de $40 - 70\ ^\circ C$.

- d'avoir une compacité acceptable, moins encombrante et esthétiquement meilleure que celui à éléments séparés. En plus, ce système représente une simple construction, installation et manipulation.
- d'avoir un rendement optique de l'ordre de 0.64.
- d'améliorer le rendement thermique comparé à ceux d'autres modèles et l'ancienne configuration.
- de minimiser les pertes thermiques vers le milieu extérieur et c'est grâce à la géométrie des réflecteurs et la disposition du réservoir stockeur à l'intérieur de la cavité.

5.2 Perspectives :

En perspective, cette conception pourra être exploitée pour la conception d'une chaudière solaire pour le chauffage des serres agricoles[78] ou améliorer le niveau bas de températures obtenues par les modèles à capteur plan à éléments séparés.

Bibliographie

[1] Khaled M., 2008. Conception et réalisation d'un concentrateur sphérique. Mémoire pour obtenir le dilplôme de Magister en physique spécialité Energies Renouvelables, Université de Mentouri Constantine, Algérie.

[2] Spitz J. et Aubert A., 1979. Matériaux sélectifs pour la conversion photothermique de L'énergie solaire. Revue de physique appliquée, tome 14, page 67.

[3] Bernard R., Menguy G. et Schwartz M., 1979. Le rayonnement solaire, conversion thermique et application. Technique et Documentation, Paris.

[4] Zeguib I., 2008. Conception et réalisation d'un concentrateur solaire parabolique. Mémoire pour obtenir le dilplôme de Magister en physique énergétique spécialité photothermiques, Université de Mentouri Constantine.

[5] Chain C., 2004. Caractérisation spectrale et directionnelle de la lumière naturelle application à l'éclairage des bâtiments. Thèse pour obtenir le grade de docteur en génie civil, Institut National des Sciences Appliquées de Lyon, France.

[6] Bernard J., 2004. Energie solaire Calculs et optimisation. Edition ellipses.

[7] Geyer M. and Stine W.B., 2001. Power From the Sun. J.T. Lyle Center.

[8] Jannot Y., 2003. Thermique solaire.

[9] Saadi S., 2010. Effet des paramètres opérationnels sur les performances d'un capteur solaire plan. Mémoire pour obtenir le dilplôme de Magis-

ter en physique spécialité Energies Renouvelables, Université de Mentouri Constantine.

[10] Bonal J. et Rossetti P., 2007. Les énergies alternatives, Omniscience.

[11] Rivoire B., 2002. Le solaire thermodynamique.

[12] Chaouachi B., 2007. Cours et exercices d'énergies renouvelables (Mastère GCP).

[13] Perrin de Brichambaut Ch. et Vauge C., 1982. Le gisement solaire. Technique et Documentation, Paris.

[14] Bassemoulin P. et Oliviéri J., 2000. Le rayonnement solaire et sa composante ultratviolette.

[15] Ben Tahar H, 2003. Etude d'un chauffe-eau solaire type capteur à stockage intégré. Projet de fin d'études, spécialité Génie Chimique - Procédés, Ecole Nationale d'Ingénieurs de Gabès, Tunisie.

[16] Sfeir A. et Guarracino G., 1981. Ingénierie des systèmes solaires. Technique et Documentation, Paris.

[17] Manuel d'ingénierie et d'études de cas Retscreen, 2001-2004. Analyse de projets de chauffage solaire de l'eau.

[18] Jacques Pereebois, Energie solaires, perspectives économiques, Edition du centre National de la recherche scientifique ,1975

[19] Elhmidi I., 2009. Conception, modélisation et caractérisation d'une nouvelle configuration d'un chauffe-eau. Mastère en Génie chimique-procédés , Ecole Nationale d'Ingénieurs de Gabès, Tunisie.

[20] Gertzos K.P. and Pnevmatikakis S.E., 2008. Experimental and numerical study of heat transfer phenomena, inside a flat-plate Integrated collector storage solar water heater (ICSSWH), with indirect heat withdrawal. Energy Conversion and Management.

[21] Varghese J.and Gajanan K. A., 2007. Experimental analysis of distinct design of a batch solar water heater integrated collector storage. Original scientific paper, 135-142.

[22] Winston R., 1974. Principles of solar concentrators of a novel design. Solar Energy 16, 89–95.

[23] Raud R., Juin 2007. Capteur solaire thermique concentrateur à conduite manuelle. Dossier de calcul, Association Soleil & Vapeur.

[24] Chinnappa J.V. C. and Gnanalingam K., 1973. Performance at Colombo, Ceylon, of a pressurized solar water heater of the combined collector and storage type. Solar Energy 15, 195–204.

[25] Garg H. P., 1975. Year round performance studies on a built-in-storage type solar water heater at Jodhpur, India. Solar Energy 17, 167–172.

[26] Gar H. P. and Rani U., 1982. Theoretical and experimental studies on collector / storage type solar water heater. Solar Energy 29, 467–478.

[27] Prakash J., Garg H. P. and Datta G., 1983. Effect of baffle plate on the performance of built-in storage type solar water heater. Energy 8, 381–387.

[28] Sokolov M. and Vaxman M., 1983. Analysis of an integral compact solar water heater. Solar Energy 30, 237–246.

[29] Ecevit A., Al-Shariah M. and Apaydin E. D., 1989. Triangular built-in-storage solar water heater. Solar Energy 42, 253–265.

[30] Chauhan R. S. and Kadambi V., 1976. Performance of a collector-cum-storage type of solar water heater. Solar Energy 18, 327–335.

[31] Bar-Cohen A., 1978. Thermal optimization of compact solar water heaters. Solar Energy 20, 193–196.

[32] Sodha M. S., Nayak J. K., Kaushik S. C., Sabberwal S. P. and Malik M. A. S., 1979. Performance of a collector storage solar water heater. Energy Conversion 19, 41–47.

[33] Zollner A., Klein S. A. and Beckman W. A., 1985. A performance prediction methodology for integral collection– storage solar domestic hot water systems. J. Solar Energy Eng. 107, 265–272.

[34] Sodha M. S., Shukla S. N. and Tiwari G. N., 1984. Thermal performance of n built in storage water heaters (or shallow solar ponds) in series. Solar Energy 32, 291–297.

[35] Panico D. and Clark G. ,1984. A general design method for integral passive solar water heaters. In Proceedings of the 9th National Passive Solar Conference, Columbus, Ohio, USA, pp. 81–86.

[36] Goetzberger A. and Rommel M., 1987. Prospects for integrated storage collector systems in Central Europe. Solar Energy 39, 211–219.

[37] Schmidt C., Goetzberger A. and Schmid J., 1988. Test results and evaluation of integrated collector storage systems with transparent insulation. Solar Energy 41, 487–494.

[38] Garg H. P., Hrishikesan D. S. and Jha R., 1988. System performance of built-in-storage type solar water heater with transparent insulation. Solar Wind Technol. 5, 533–538.

[39] Prakash J., Garg H. P., Hrishikesan D. S. and Jha R., 1989. Performance studies of an integrated solar collector-cum storage water heating system with transparent insulation cover. Solar Wind Technol. 6, 171–176.

[40] Mason A. A. and Davidson J. H., 1995. Measured per formance and modeling of an evacuated-tube, integral-co lector-storage solar water heater. J. Solar Energy Eng. 117, 221–228.

[41] Schmidt C. and Goetzberger A., 1990. Single-tube integrated collector storage systems with transparent insulation and involute reflector. Solar Energy 45, 93–100.

[42] Tripanagnostopoulos Y. and Yianoulis P., 1992. Integrated collector-storage systems with suppressed thermal losses. Solar Energy 48, 31–43.

[43] Tripanagnostopoulos Y., Souliotis M. and Nousia Th., 1998. Solar ICS systems with two cylindrical storage tanks. Renewable Energy 16, 665–668.

[44] Kalogirou S., 1998. Performance enhancement of an integrated collector storage hot water system. Renewable Energy 16, 652–655.

[45] Tripanagnostopoulos Y., Soulitis M. and Nousia Th., 2002. CPC type integrated collector storage systems. Solar Energy, Vol 72, pp. 327-350.

[46] Souliotis M. and Tripanagnostopoulos Y., 2004. Experimental Study of CPC type ICS Solar Systems. Solar Energy, Vol. 76, pp. 389 - 408.

[47] Tripangnostopoulos Y. and Souliotis M., 2004. ICS solar systems with horizontal cylindrical storage tank and reflector of CPC or involute Geometry. Renewable Energy 29, 13–38.

[48] Tripangnostopoulos Y. and Souliotis M., 2004. Integrated collector storage solar systems with asymmetric CPC reflectors. Renewable Energy 29, 223–248.

[49] Tripangnostopoulos Y. and Souliotis M., 2004. ICS solar systems with horizontal (E–W) and vertical (N–S) cylindrical water storage tank. Renewable Energy 29,73–96.

[50] Stine B. and Geyer M., 2001. Power from the sun, Lyle centre for regenerative studies 2001.

[51] Kurzweg U.H. and Benson J.P., 1982. Iso-Intensity absorber Configurations For parabolic Concentrators. Solar energy .Vol.29,No.2,pp167-174.

[52] Fraidenraich N., Tiba C., Braodao B., Vilela O., 2008. Analytic solutions for the geometric and optical properties of stationary compound parabolic concentrators with fully illuminated inverted V receiver. Solar Energy 82, 132–143.

[53] Giri J. et Meunier B., 1980. Evaluation des énergies renouvelables pour les pays en développement. Volume 2, Commissariat à l'énergie solaire, France, pp. 194, 199-201.

[54] Sukhatme S.P., 1996. Solar Energy. 2nd edition, McGraw Hill publishing company, India.

[55] Bernard R., Mengy G. et Schwartz M., Octobre 1983. Le rayonnement solaire, conversion thermique et application pp 20-22 et 76-77.

[56] Sukhatme S. P., 2004. Principles of thermal collection and storage Solar Energy, Tata McGraw-Hill New Delhi, deuxième edition, pp : 92-93-94,113,214,267.

[57] Liu B. Y. H. and Jordan R. C., 1963. The long-term average performance of flat-plate solar energy collectors. Solar Energy, 7, 53 – 74.

[58] Rabl A., 1977. Radiation transfer through specular passages-A simple approximation, Int. J. Heat Mass Transfer, Vol 20, pp. 323-330.

[59] Rabl A., 1976. Comparison of solar concentrators. J. Solar Energy 18, 93–111.

[60] Klein S.A., 1975. Calculation of flat-plate collector loss coefficients. Solar Energy, 17, 79.

[61] McAdams W.A., 1954. Heat transmission, 3rd edition, McGraw-Hill, New York, 249.

[62] Kalogirou S., 2006. Prediction of flat-plate collector performance parameters using artificial neural networks. Solar Energy, 80, 248–259.

[63] Colina-Marquez J.A., Lopez-Vasquez A.F. and Machuca-Martinez F., September 2010. Modeling of direct solar radiation in a compound parabolic collector (CPC) with the ray tracing technique. Dyna, year 77, No. 163, pp. 132-140, Medellin.

[64] Nchelatebe Nkwetta D., Smyth M., Zacharopoulos A. and Hyde T., 2010. Optical analysis and comparison of single-sided absorber CPC (SSACPC) and double-sided absorber CPC (DSACPC) collectors. American Solar Energy Society.

[65] Bent P., Rabl A., Gaul HW. and Reed K.A, 1972. Optical analysis and optimization of line focus solar collectors. Report SERI/TR-34-092 of the Solar Energy Research Institute, Golden, CO.

[66] Chen C. and Hopkins G., 1978. Ray tracing through funnel concentrator optics. Appl. Opt. ,17, (9), 12481259.

[67] Kajiya J. and Von Herzen B., 1984. Ray tracing volume densities. Comp. Graphics,18, (3), 165174.

[68] Ward G., Rubinstein F. and Clear R., 1988. A ray tracing solution for diffuse interreflection. Comp. Graphics,22, (4), 8592.

[69] Souliotis S. and Tripanagnostopoulos Y., 2008. Study of the distribution of the absorbed solar radiation on the performance of a CPC-type ICS water. Renewable Energy 33, 846–858.

[70] Souliotis, S. and Tripanagnostopoulos, Y., 2008. Study of the distribution of the absorbed solar radiation on the performance of a CPC-type ICS water. Renewable Energy 33, 846–858.

[71] Helal O., Chaouachi B. and Gabsi S., 2010. Development and performance analysis of an integrated collector storage solar water heater. Proceedings of the international congress IREC 10.

[72] Helal O., Chaouachi B., Gabsi S. and Bouden C., April 2010. Design, modeling and simulation of an integrated collector storage solar water heater. The Second International Conference on Energy Conversion and Conservation CICME 10; Hammamet Tunisia, 22-25 April, 2010.

[73] Helal O., Chaouachi B. and Gabsi S., 2011. Design and thermal performance on an ICS solar water heater based on three parabolic sections. Solar Energy 85, 2421-2432.

[74] Helal O., Chaouachi B., Gabsi S. and Bouden C., 2010. Energetic performances study on an integrated collector storage solar water heater. American Journal of Engineering and Applied Sciences 3 (1) : 152-158.

[75] Chaouachi B. and Gabsi S., 2006. Etude expérimentale d'un chauffe-eau solaire à stockage intégré dans des conditions réelles, Revue des Energies Renouvelables, Vol. 9, N°2, pp. 75 - 82.

[76] European Standard EN 12976-2, 2006. Thermal solar systems and components - Factory made systems - Part 2 : Test methods.

[77] Bernard R., Mengy G., Schwartz M., Octobre 1983. Le rayonnement solaire, conversion thermique et application. pp 20-22 et 76-77.

[78] El Ouni A.et Jemii A., Juillet 2011. Conception, simulation et dimensionnement d'une chaudière solaire pour le chauffage d'une serre agricole. Projet de fin d'études en génie chimique-procédés de l'Ecole Nationale d'Ingénieurs de Tunis, Tunisie.

Annexe A : Organigramme de calcul du flux solaire

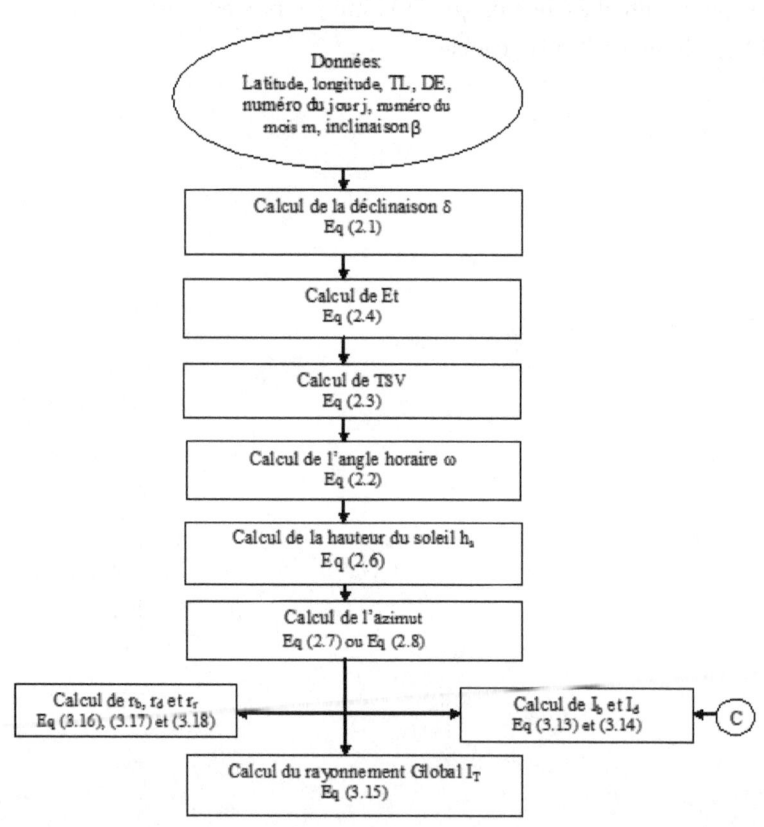

Annexe B : Organigramme de calcul de l'inertie thermique du système

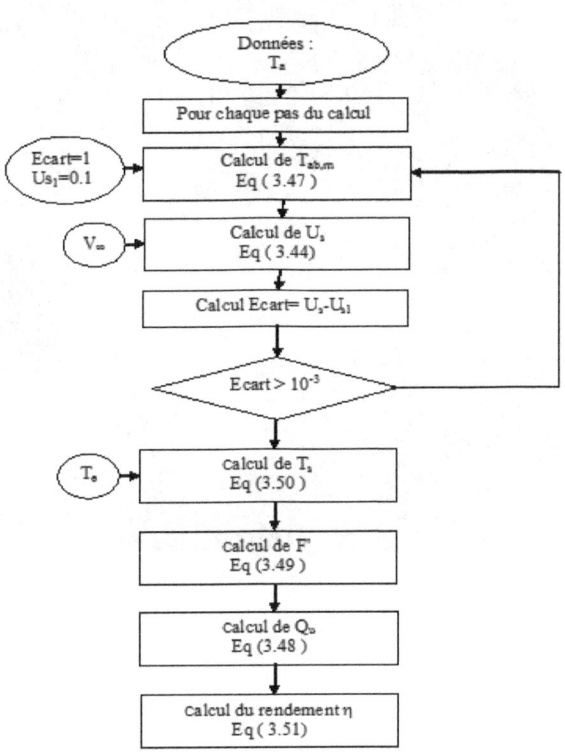

Annexe C : Ancienne et nouvelle configurations

Nomenclature

a : azimut du soleil

$a_{\chi'}$: coefficient global spectral

A : coefficient

A_{abs} : surface de l'absorbeur (m^2)

A_{app} : surface apparente du capteur (m^2)

Alt : altitude du lieu (m)

A_r : surface du réflecteur (m^2)

E_{r-ab} : facteur d'échange radiatif entre les surfaces réflectrice et absorbante

B : coefficient

C : coefficient de concentration géométrique

$C_{c,e}$: capacité calorifique de l'eau $(Jkg^{-1}K^{-1})$

d : largeur de la parabole (m)

D_{ab} : diamètre du réservoir (m)

DE : décalage horaire par rapport au méridien de Greenwich

d_j : durée du jour (h)

d_1 : largeur de la pupille d'entrée du CPC (m)

d_2 : largeur de la pupille de sortie du CPC (m)

d_c : épaisseur de l'isolation thermique (m)

D_s : profondeur du système (m)

E_o : éclairement énergétique solaire extraterrestre normal hors atmosphère (W/m^2)

E_t : correction de l'équation du temps

f : distance focale (m)

f_i : distance focale de la branche parabolique i (m)

F : foyer

F_i : foyer de la branche parabolique i

F' : facteur de correction

G : rayonnement global (W/m^2)

G_m : radiation solaire moyenne (W/m^2)

h : hauteur du CPC (m)

h_f : coefficient de transfert de chaleur dans la surface intérieure de l'absorbeur (W/m^2K)

$h_{c,ab-c}$: coefficient d'échange par convection entre l'absorbeur et la couverture transparente (W/m^2K)

$h_{r,ab-c}$: coefficient d'échange par rayonnement entre l'absorbeur et la couverture transparente (W/m^2K)

$h_{r,c-a}$: coefficient d'échange par rayonnement entre la couverture transparente et le ciel (W/m^2K)

h_s : hauteur du soleil $(°, rd)$

h_w : coefficient d'échange par convection entre la couverture transparente et l'air environnant (W/m^2K)

I_0 : constante solaire énergétique (W/m^2)

I_b : rayonnement direct (kJ/m^2h)

I_d : rayonnement diffus (kJ/m^2h)

I_r : rayonnement réfléchi (kJ/m^2h)

I_T : flux solaire effectif reçu par la surface apparente du système (kJ/m^2h)

K : conductivité thermique (W/m^2K)

L : longeur totale de la cavité (m)

L_{app} : longueur apparente (m)

L_{ab} : longueur de l'absorbeur (m)

Lat : latitude $(°, rd)$

L_i : longueur de la branche parabolique i (m)

m : masse d'air optique relative (m)

m_0 : masse d'air relative au niveau de la mer (m)

M : nombre des couvertures

N : numéro du jour de l'année

$< N >$: nombre moyen des réflections

$< N >_{i,parabole}$: nombre moyen des réflections relative à la branche parabolique i

p, p' : rayon parabolique (m)

p_a : pression atmosphérique moyenne du lieu considéré (Pa)

p_0 : pression atmosphérique moyenne au niveau de la mer (Pa)

q_e : débit massique du fluide par unité de surface $(Kg/s.m^2)$

Q_u : puissance utile pour chauffer l'eau à l'intérieur du réservoir (W/m^2)

Q_a : puissance absorbée par unité de surface (W/m^2)

Q_p : puissance perdue par unité de surface (W/m^2)

Q_R : puissance reçue par unité de surface (W/m^2)

r : distance à partir de l'origine jusqu'à un point de la parabole (m)

r_b : rapport d'inclinaison entre la radiation directe sur la surface inclinée et la surface horizontale

r_d : rapport d'inclinaison entre la radiation diffusée sur la surface inclinée et la surface horizontale

r_r : rapport d'inclinaison entre la radiation réfléchie sur la surface inclinée et la surface orizontale

S : flux absorbé par unité de surface (W/m^2)

TL : temps légal (h)

TSV : temps solaire vrai (h)

$T_{ab,m}$: température moyenne de l'absorbeur $(^\circ C, K)$

T_a : température ambiante $(^\circ C, K)$

T_m : température moyenne de l'eau dans le réservoir de stockage $(^\circ C, K)$

T_s : température de sortie $(^\circ C, K)$

T_e : température à l'entrér du réservoir $(^\circ C, K)$

T : température $(^\circ C, K)$

T_H : température de sortie en haut du réservoir $(^\circ C, K)$

$T_{f,H}$: température finale de sortie en haut du réservoir $(^\circ C, K)$

116

$T_{f,M}$: température finale de sortie au milieu du résevoir $(^{\circ}C, K)$

$T_{f,B}$: température finale de sortie en bas du résevoir $(^{\circ}C, K)$

$T_{i,H}$: température initiale en haut du résevoir $(^{\circ}C, K)$

$T_{i,M}$: température initiale de sortie au milieu du résevoir $(^{\circ}C, K)$

$T_{i,B}$: température initiale de sortie en bas du résevoir $(^{\circ}C, K)$

$T_{s,m}$: température moyenne de sortie $(^{\circ}C, K)$

$T_{i,m}$: température moyenne initiale de l'eau dans le réservoir $(^{\circ}C, K)$

$T_{a,m}$: température moyenne ambiante $(^{\circ}C, K)$

$T_{f,m}$: température moyenne finale de l'eau dans le réservoir $(^{\circ}C, K)$

T_M : température de sortie au milieu du résevoir $(^{\circ}C, K)$

T_B : température de sortie en bas du résevoir $(^{\circ}C, K)$

ΔT : différence des temprératures $(\Delta T = T_m - T_a)$. $(^{\circ}C, K)$

ΔT_N : différence des températures noctrunes $(\Delta T_N = T_m - T_a)$. $(^{\circ}C, K)$

ΔT_m : différence des températures moyennes $(^{\circ}C, K)$

Δt : différence entre l'instant final et l'instant initial (h)

t_f : instant initial (h)

t_i : instant final (h)

t : temps (h)

U_s : coefficient des pertes thermiques (W/K)

$U_{s,app}$: coefficient des pertes thermiques par surface apparente (W/Km^2)

$U_{s,ab}$: coefficient des pertes thermiques par surface absorbante (W/Km^2)

V_{ab} : volume de l'eau stockée dans le réservoir (m^3)

$V\infty$: vitesse du vent (m/s)

W_{app} : largeur apparente (m)

w : demi largeur de la surface apparente (m)

w' : demi largeur de la surface de sortie (m)

V : vertex de la parabole

x, y : coordonnées catésiennes (m)

Z : fonction

Symboles grecs

α_r : absorptivité de la surface absorbante

β : angle d'inclinaison du capteur solaire $(°, rd)$

β_a : coefficient d'Angström

δ : déclinaison $(°, rd)$

ε_α : émissivité apparente du système

ε_c : emissivité de la couverture

ε_{ab} : emissivité de l'absorbeur

$\phi_{c,ab-c}$: flux échangé par convection entre l'absorbeur et la couverture transparente

$\phi_{r,ab-c}$: flux échangé par rayonnement entre l'absorbeur et la couverture transparente

$\phi_{c,c-a}$: flux échangé par convection entre la couverture transparente et l'air environnant

$\phi_{r,c-a}$: flux échangé par rayonnement entre la couverture transparente et le ciel

η : rendement thermique

η_0 : rendement optique

θ_a : demi angle d'acceptation $(°, rd)$

θ_i : angle d'incidence $(°, rd)$

λ : longitude $(°, rd)$

λ' : longueur d'onde (m)

ξ : facteur d'interception

ρ : réflectivité de la surface environnante

$\rho_{c,e}$: densité massique de l'eau (kg/m^3)

ρ_e : réflectivité effective du concentrateur

ρ_r : réflectivité de la surface réflectrice

ρ_s : réflectivité de la surface environnante

σ : constante de Stephan $(Wm^{-2}K^{-4})$

τ : transmissivité de la couverture

φ : angle à partir de l'axe x jusqu'au rayon parabolique p $(°, rd)$

χ : angle maximum ou minimum limitant les branches paraboliques du réflecteur $(°, rd)$

ω : angle horaire du soleil (rad/s)

ω_c : angle horaire du soleil à son coucher (rad/s)

ω_l : angle horaire du soleil à son lever (rad/s)

ψ : angle de la parabole $(°, rd)$

$\psi\,max, i$: angle maximal de la section parabolique i $(°, rd)$

$\psi\,min, i$: angle minimal de la section parabolique i $(°, rd)$

Ω : fonction

Abréviations

$ENIG$: école nationale d'ingénieurs de Gabès

CPC : concentrateur parabolique composé

ICS : collecteur à stockage intégré

STS : système à un seul réservoir de stockage

Indices et exposants

ab : absorbeur

app : apparente

a : milieu ambiant

max : maximale

min : minimale

MIX

Papier | Fördert
gute Waldnutzung

FSC® C083411

Zeitfracht Medien GmbH
Ferdinand-Jühlke-Straße 7
99095 Erfurt, Deutschland
produktsicherheit@kolibri360.de

Druck:
CPI Druckdienstleistungen GmbH
im Auftrag der
Zeitfracht Medien GmbH
Ein Unternehmen der Zeitfracht - Gruppe
Ferdinand-Jühlke-Str. 7
99095 Erfurt